智元微库
OPEN MIND

成 长 也 是 一 种 美 好

活得漂亮

人生没有轨道

郝惠珍 / 著

人民邮电出版社

北京

图书在版编目（CIP）数据

活得漂亮 人生没有轨道 / 郝惠珍著. -- 北京 ：
人民邮电出版社，2024.8. -- ISBN 978-7-115-64606-4

Ⅰ. B848.4-49

中国国家版本馆CIP数据核字第20246DG665号

◆ 著　郝惠珍
责任编辑　黄琳佳
责任印制　周昇亮

◆ 人民邮电出版社出版发行　　北京市丰台区成寿寺路 11 号
邮编 100164　　电子邮件 315@ptpress.com.cn
网址 https://www.ptpress.com.cn
天津千鹤文化传播有限公司印刷

◆ 开本：880×1230　1/32
印张：8.625　　　　　　　　　　2024 年 8 月第 1 版
字数：160 千字　　　　　　　　2024 年 8 月天津第 1 次印刷

定　价：69.80 元

读者服务热线：（010）67630125　印装质量热线：（010）81055316
反盗版热线：（010）81055315
广告经营许可证：京东市监广登字20170147号

读罢郝惠珍女士《活得漂亮：人生没有轨道》的文稿，顿感亘古气貌，磅礴力量，深刻感受到她周身激荡着浩然之气，洋溢着阳光之美。本书可以敲打心扉，唤醒生机，呵护美善，厚植意蕴，涵养知行，体现出她"活得漂亮"的一贯审美观、价值观，是一篇悦人耳目的精彩华章。我推荐这本书。

却顾所来径，苍苍横翠微。郝惠珍50年来秉持"服务者心态"，追求谦卑、古朴、静谧，以恬静、安逸的情境，诠释着她的人生哲学，她内心丰盈，厚如钟磬。

——**央媒评论员、研究员　袁清**

与郝律师相识于舒勇美术馆，与一众领导全程感受她由内而外的活力四射。得知郝律师的半自传新书即将出版，读罢洋洋洒洒的真挚文字，祝福在成长道路上能有幸受到郝律师故事鼓舞的每一位年轻人，不早不晚，刚好是你。

——**第十四届全国政协委员、**
中国社会艺术协会副主席　舒勇

人生没有确定的轨道，那么，该如何拥抱前方充满不确定的旷野？郝惠珍律师用她精彩的过往告诉我们：你的淡定和从容，来自你的心智和勇气。在这个充满竞争和变革的时代里，我们需要同时当好一名自由的设计师和一个虔诚的雕刻家，像对待艺术创造一样，经营自己的人生。而其中所有的智慧，都被郝惠珍律师浓缩在了这本书里——我称之为活出漂亮人生的"锦囊"。

——《健康与美容》杂志社社长兼总编辑　段景花

这本书是郝姐姐真实丰富的人生经历与深刻职业感悟的浓缩。作为她的多年好友，一直钦佩她超强的专业能力，热情积极的生活态度与充满智慧的生活方式，书中充满了对社会、对法律、对人生价值的深刻洞察，读之，如饮甘泉，相信读者一定能从中获得"知者不惑，仁者无忧，勇者不惧"的力量与启示！

——第十六届北京国际图书节读书形象大使、
朝阳区第十四届政协委员、
2018 年 7 月第四周"北京榜样"　宸冰马克思在《青年在选择职业时的考虑》中说："如果我们把这一切都考虑过了，如果我们的生活条件容许我们选择任何一种职业，那么我们就可以选择一种使我们获得最高尊严的职业，一种建立在我们深信其正确的思想上的职业，一种能给我们提供最广阔场所来为人类工作，并使我们自己不断接近共同目标即臻于完美境界的职业，而对于这个共同目标来说，任何职业都只不过是一种手段。"

目
录

活得漂亮

第 一 章

▼

认识
自己

▼

发现你的优势

1. 工作是探索和表达自己的生命意义的方式

　　每个年轻人，尤其在踏入社会的前几年，无不怀抱着初出茅庐的一腔孤勇，期待着这个世界能够给予自己一份同样热忱的回报。然而，在遇过几座山、碰了几次壁之后，很多人悲哀地发现：原来世界的参差并不是说说而已，虽然各种传奇在身边轮番上演，但真正能改变人生的机会其实少之又少，而且稍纵即逝。

　　当理想撞击到现实，偏离了曾经预设的轨道时，迷茫与焦虑的情绪便会席卷而来。

　　我在工作中经常接触到一些优秀的年轻人，即使他们有很好的学历和工作，也读了很多书，懂得很多道理，但仍然在巨大的精神内耗中受困于心，找不到生命的意义所在，以至于在茫然无知中放弃了对命运的主控权，错过了成长的最佳时机，这是一种非常危险的状态。

如果你也曾经或正在为这种情况所困扰，不要自责、不要恐慌，这并不是你一个人的问题，更与你的能力毫不相关。

回顾我过去 50 余年的职业生涯，我当过兵，当过警察，当过机关干部，在国办律所任职过，创建了合伙制的律师事务所。这些经历让我的身份从郝律师、郝主任、郝书记转变到郝会长、郝大姐。放弃已经耕耘多年的阵地，转而投身到一个完全陌生的领域，从零开始、从头再来，这样的选择我做了很多次，很多人震惊于我的潇洒和勇气，同时又深表困惑："你胆子太大了，难道你都不会犹豫，不知道害怕吗？"

我的答案也非常明确——绝不犹豫、从不害怕。

这并不是因为我对自己的能力过度自信，而是源于我对自我的清晰认知，以及"工作"一词于我的不同定义。

在我看来，工作并不等同于一种谋生手段，而仅仅是一个帮助我们探索和表达生命意义的外在媒介，帮助我们释放内在潜力，寻找与构建与世界交流的通道。让我们得以在一个正确的位置，汲取到生命所需的激情与能量。

如果当下的工作已经无法满足内心对成长的需求，我就会毫不犹豫地停下脚步，重新审视自己当下的生活，并立刻做出决定，规划出正确的前进方向。

那么，如何开始这段探索和表达的过程呢？

▶ 第一步：遵从内心。

1976 年，我从部队回到地方，被分配到北京市公安局警卫处，编制是公安干警，工作内容是一名便衣警察。这个工作不但离家近，而且还是个市属大机关，条件非常好，工作内容也十分新颖。

虽然在当时选择这份工作是我自己最称心的意愿。然而，我却从来没把这份工作当作事业的终点，甚至在我入行的第二年，我就清晰地知道，这种工作虽然很风光，但并不是我想要的人生方向。

我希望的是事业，不是职业，我渴望能去一个更大的舞台发光发热，影响更多的人；我渴望被更多的人看到，但我不需要借助别人的光环，我自己便是一束足以照亮我前程的光。

▶ 第二步：链接自我。

相对于热热闹闹的工作，我更希望拥有一份能够把个人兴趣、工作能力和工作需求融合在一起的职业，这一职业能够成为我终生的事业和未来奋斗的目标。

什么样的职业才能完美符合我内心的期待呢？

在我彷徨犹豫的时候，一部外国电影《流浪者》让我眼前一亮。影片中慷慨陈词、伸张正义的女律师给我留下了深刻印象，也激发了我对律师这一职业的梦想萌芽和职业崇拜。几乎是灵魂深处的一记共鸣，让我立刻锁定了内心的答案。

虽然听上去有些一时冲动，但这种认知不是凭空出现的，而是凭借我对自己的清晰认知得出的最终结论。

原因有三。一、我从小善讲、能讲、会讲，能说会道是我的特长，我的语言能力和组织能力都是一流的，我的天赋符合律师的职业特点；二、律师行业最大的特点，永远需要跟着时代的脉搏更新自己的知识系统，需要一直学习，永远没有止境，这符合我爱拼搏的上进心；三、成为律师，可以在更大的舞台上用知识帮助和影响更多的人，展示个人能力，这对我来说确实是个很大的诱惑。

事实证明，我这一选择确实是正确的，在从事律师行业的 40 年中，我汲取了很多成长的养分，我与这个行业极高的匹配度，让我至今依然享受着这一选择给我带来的巨大的获得感和幸福感。

▶ **第三步：循声而动。**

虽然我非常笃定地给自己确定了一个未来的发展方向，但在当时，律师还是一个非常不被重视的职业。要知道，我国的律师制度 1979 年 12 月才恢复，当时的公检法队伍都在完善和建设中，远没有现在成熟，全国上下的律师人数加起来也只有 212 名。

1983 年，当我毅然从公安局调到司法局，第一天去司法局人事处报到时，领导问我的第一句话就是："你这么好的条件为什么要当律师？"我立刻反问："这么好的条件不能当律师吗？"领导说："我们这里还有更重要的工作需要你，你是否服从分配？"就这样，我因为"条件好"而被留在北京市司法局党委办公室。从司法局党委办公室到律师工作管理处，从兼职律师到专职律师，直到1993 年我被调入国办所，才正式开始了专职律师的生涯。

面对这一选择，很多人说我勇敢，我并不这样认为。正如前文所说，工作对于我来说，已经不再是一种简单的谋生手段，而是一种我和世界对话的方式，也是我自己探索和表达自己生命意义的方式。内外统一，是我始终保有激情和能量的秘诀。

▶ **第四步：坚定选择。**

回溯曾经走过的道路，我眼前经常会浮现出一幅画面：我沿着一条小路出发，眼前的道路逐渐清晰、宽广，我享受走在这条路上的每一种感觉，也感恩路边的风景给予我的每一份回馈，当镜头拉远，从天空俯视，在起点与目标之间，画出了一道几乎完美的抵达路线。

此时，如果让我选一个关键词来概括我是如何走到了现在这个地方，是如何在众多诱惑中寻找和表达出生命的笃定意义的，那就是"选择"。

我经常和身边的人说，人的一生就是"选择"的一生：大到很多人生重大事件的方向定夺，譬如工作、婚姻、创业等；小到每一个案子的律师团队人选的敲定，每一个方案的逻辑用词；每天面对各种会议、活动的安排，"选择"无时无刻不如影随形。这种"选择"的能力，需要在年轻的时候培养，但并不是只有年轻时才需要做的课题。直到今天，我依然每天都要在很多庞杂的信息中做出快速选择和决断。

要想拥有这种选择的能力，并不需要你比别人更聪明，而是需要你建立更清晰的自我认知，这样你才能在关键时刻清楚自己应该选择什么、放弃什么，以及怎么去做！从而顺利通过种种试炼，以一种强者的姿态掌握生命的主动权。这也是为什么我"从不后悔""毫不犹豫""从不害怕"的根本原因——我为每一个选择负责，并接受这一选择带来的所有结果。

面对工作、事业上的诸多考量和选择，很多人在探索的第一步，就不由自主地陷入无尽的内耗之中：别人说体制内工作安稳，就头脑一热地去考公考编；别人说主播赚钱又多又快，立刻又想去做自媒体。当迷茫和摇摆阻止了探索的脚步，这并不是你的问题，而是每个年轻人在成长之路上需要跨过的第一个关口。

比如在律师行业，很多刚入行的年轻人会将收入当作选择的唯一标准，哪个领域赚钱多，就一窝蜂地抢着去、挤着去，当热点消失，又一窝蜂地赶去下一个热门领域。我之所以反对这种思维方式，并不是反对大家去赚钱。相反，我鼓励大家在面包与理想之间，先去解决面包的问题，但这并不意味着要为了面包而去放弃探索自我真正生命价值的可能。

当你在探索的过程中感到迷茫时，一定要牢记一个基本的判断标准：你当下所做的选择，是否能够表达出你真正的人生态度，是否能够激发出你生命中的潜能和热情，是否能够成为你的一个工具，帮助你去连接、创造和表达自己，最终创造出自己理想的工作形式？

如果你的答案是肯定的，那么恭喜你，你已经在一定程度上达到了工作目标与生命意义的完美匹配。如果你的答案是否定的，也不要气馁，所谓"成长"就是如此，必须经历一段探索和试错的过程，才能在越过种种困惑和不安之后，掌握自己的优势和劣势，建立起属于自己的人生观、世界观、价值观，从而在各种矛盾中寻找到一个能够让自己伫立于世的锚点。

只有建立这样的信念，从原来那种无知、浑然不觉的状态中抽离出来，悬浮于虚空，成为自己的感受、思想、行为的观察者，才能根据自己的实际情况，去主动地调整自己，让奇迹在自己的生命中发生。

那么，未来就从这一瞬间发生了改变。

2. 人生可以不辉煌，但一定要精彩

也许，你现在正在为择业问题感到焦头烂额；也许，你正权衡着一份鸡肋工作，纠结到辗转反侧；又或者你全然没有那些左右为难的心境，仅仅靠着一种随遇而安的心态，暂时选择了某项职业赖以谋生。不管你现在的生存状态是迷茫、麻木，还是心满意足或略有不甘，都请试着思考以下两个问题：

（1）你为什么要工作？

（2）工作究竟在你的生命中扮演着什么样的角色？

可能有人会对这两个问题嗤之以鼻，这种问题还需要回答吗？人活着就要工作，从低层生存需求来说，就像每个人要吃饭睡觉一样，人们需要通过工作来获取存活于世的必需要素；从高层成就需求来说，人们需要通过工作施展抱负、实现人生理想。

然而，抛开这些大众化的答案，工作对于生命的真正意义却经常被我们刻意忽视。

工作对于我们究竟有多重要呢？除去所有显而易见的外在因素，仅仅从工作在一个人的生命中所占的分量来说，就几乎没有任何事件可以超越它。对我来说，尤为如此。从我当兵的第一年起算，今年已经是我参加工作的第55年，也是我加入律师行业的第40年。虽然我一直不喜欢被人称为"工作狂"，但不可否认，在过去的这些年中，工作占据了我每天最"黄金"的时间，也占据了我人生中最"黄金"的年代。

直到现在，工作依然是我人生中的重要组成部分。虽然早已超过了常规意义上的退休年龄，很多同龄人早已退休，含饴弄孙的时候，我依然活跃在各种事务中，每天以超饱满的状态参与律所的工作，和大家一起讨论案件、起草文件、参加抖音直播、去全国各地参加学术会议，甚至连休假都被压缩到一年中的短短几天。为此，很多老朋友见到我，都会颇为佩服地拍拍我的肩膀，露出讶异的眼光："郝姐姐，你怎么就一点都不老，你怎么还是这么精力充沛啊！"

面对大家的这种反应，我也经常感到诧异。实际上，我并没有觉得自己现在的状态与年轻时有什么不同，也没觉得自己有任何过人之处，只是这样问的人多了，我也会偶尔思考一下，如果非要我为现在的生命状态找一个原因，那就是我从很早就想明白了"我为什么要工作？"这个问题的答案。

一直以来，我特别信奉这样一句话——人的一生可以不伟大，但一定要崇高；人的一生可以不辉煌，但一定要精彩。

这些年，我将这句话作为自己的座右铭。在我看来，一段人生之所以会被冠以"无悔"之名，就在于一定要追求精彩。这里所谓的"精彩"，可能意味着行过很多路，见过很多风景，攀上过无人企及的高峰，也独行过幽深的山谷，最终到达山巅之上，坐看云卷云舒、花开花落。

我希望自己能够通过工作实现人生价值，所以我要求自己在工作中的状态不能是平庸、麻木的，而要将所有事情都做到精彩、极致。这既是我投入工作的原因，也是我需要从工作中获得的反馈结果。

如果现在的你恰好处在一段迷茫的时期，不想将生命中最"黄金"的那段时间白白蹉跎，又不知该从何处入手，想明白这一问题更是至关重要。这不仅关乎自身发展和未来的职业轨迹，更有助于我们挖掘出生命的真正意义，事关你以何种状态去与这个世界正面交锋。

首先，在达到"精彩"高峰之前，我们先要明确工作"精彩"的定义。在很多人看来，一份工作之所以称得上精彩，可能包含高薪、体面、挑战、新鲜等因素，对比之下，现实中的大部分工作并不能完全具备这些因素，反而可能充斥着无聊、枯燥以及千篇一律的机械重复，让人提不起劲儿来。那么，是不是这类工作就永远达不到精彩的标准呢？

　　其实不然，评价一份工作是否精彩，与工作内容无关，更不用遵从外在的声音，而是源于你自己的内心，要看你从事的这份工作能否引起你内心的共鸣、与你的内心建立联结；能否帮助你释放生命的活力，并使你从中获得反哺自身的力量。如果你的答案是否定的，即使薪酬再高、工作再体面，也无法称之为真正的精彩。

　　作为一个早期的跨界达人，在成为律师之前，我曾接触过不同内容的工作。当我第一次对自身产生迷茫，第一次思索工作的意义时，我恰好正在从事一份别人眼中非常"精彩"的工作。

　　那段时间，我作为北京市公安局警卫处的一名干警，出于工作的需要经常出现在报纸上和新闻联播上，以及各种新闻纪录片中。不管是工作内容还是待遇条件，这份工作都已经足够满足外人对"精彩"工作的定义了。

然而，这种"精彩"真的是可持续的吗？真的是我想要的吗？每当闲暇时刻，离开了镁光灯的照耀，退回到真实生活的范畴之内，我总会感到一种深深的空虚和焦虑，在我看来，这份"精彩"虽然足够辉煌，却无法安抚我内心的焦虑，我渴望有一道独特的光可以单独为我而闪耀。

这份无法诉说的"感觉"终于在我决定从事律师职业的那一刻被彻底释放，虽然当时律师行业在中国还处于刚刚起步的阶段，无论从工作条件还是待遇都远不如之前的工作优越、精彩纷呈，却让我真正从中收获了属于我的精彩人生，而且我坚信会越来越好。

其次，我还有一个经常被问到的点，就是"如何在漫长的工作当中，一直保有当初的激情与好奇？"

喜新厌旧是人的通病，即使你的工作内容再精彩、你对这份工作再喜欢，它也会因时间的推移而变成一种机械性的劳作，将悸动的初见变成相见两厌。这也是为什么很多人将爱好转化为职业以后，依然会感到懈怠和无聊的原因，甚至会因此怀疑自己当初的选择。

这几乎是每个人在探索自我的过程中都会遇到的一个坎儿，我同样也不例外。幸运的是，我从不会任由自己停滞其中、自怨自艾，而是成功地寻找到了一种方法，可以帮我抵抗住时间对热情的消磨，即使短暂陷入消沉，我也能迅速将自己调整到一种高能量的状态之中，那就是：学会"主动创造精彩"。学会创造性地将自己的优势与本职工作相结合，创造出属于自己的专属风格，那么，这种独特就会成为你的不可替代的资本。

要想达到这一效果，发挥出个人优势与客观条件的叠加效应，我们需要具备以下两项基本条件。

一是发现自己的优势领域，主动寻找自己擅长的技能与工作项目的结合点。

以我们盈科律师事务所（以下简称"盈科"）为例，很多人在来盈科之前，对律师工作的印象就是一套严肃的公式化流程，案子审结便万事大吉。然而，当案子结束之后，很多客户的反馈却是，"不仅得到了法律上的帮助，还解开了不少心结，感觉自己在这一过程中得到了心理上的疗愈，为以后的人生找到了更好的生活方式。"而这正是我想达到的目的，在我看来，律师工作不仅可以通过专业知识帮助更多人走出泥沼，更可以指给他们一片天，利用一些心理学上的技巧帮他们化解在这一过程中产生的负面情绪，让他们得到心理上的成长，以更好的精神状态迎接以后的崭新人生。这种人文色彩正是我们盈科律师无法被取代的核心优势之一。

能否将自身优势加注到工作之中，是一份工作显现"精彩"还是"平庸"的根源，也是一个人能否真正发挥自身潜力的关键之一。

我常说："活力加魅力，走出精彩人生。"所谓活力，就是热情与激情；所谓魅力，就是能力与付出；所谓精彩就是要与众不同，当你学会打开自己，利用自己的独特优势去与世界连接，利用对过往成功事件的探索总结、别人的外在反馈、工作中最直观的测评等将内在驱动力与外在环境进行深入结合，从而规划出适合自己的专属之路时，即使再平凡的工作，也可以体现自己的风格，释放出源源不断的精彩。

二是建立正面的"思维方式"。

无论多么渺小、枯燥的工作，如果能够抱着问题意识仔细甄别，你也会发现其中的可改进之处，通过将习得的技术在不同情境下运用，逐步迭代或完善，即使是重复的技术性工作，也会取得飞跃性进步，迸发出令人愉悦的精彩瞬间。

同样，无论一项工作看上去多么精彩，与你如何适配，也可能在某一阶段出现各种问题。当问题出现时，是选择逃避退缩，还是利用正面的思维方式，勇敢地迎接挑战，发掘出每项工作中的独特价值，并全身心地投入其中，通过不断学习相关知识和技术，提高自己的分析能力、学习能力，甚至创新能力，打破停滞不前的僵持局面，利用技能提高所带来的积极反馈，进入一种"付出-反馈"的良性循环，这不仅是成功的必要条件，也会帮助你不断成长。

如果你一直奔跑在追逐精彩的路上，就会在某一天突然发现，原来自己已经在不知不觉中蜕变成了一个更加出色的人。

3. 兴趣探索，锁定你想做的事情

很多人在面临择业问题时会面对一个两难选择——究竟是选择适合自己的工作，还是选择自己喜欢的工作？毕竟，能够直接发现自己擅长的领域，并将之发展成职业，乃至未来事业的人并不多。

不管是在生活还是工作中，如果能够凭借自己的纯粹意愿去探索人生更大发展的可能，更早感知自身生命意义之所在，的确会大大提高一个人的职业热情乃至生命质量。能够做想做之事，行想行之路，自然皆大欢喜，但对于绝大多数人来说，却没有这样好的运气。

一般来说，阻止我们达到这一理想境界的原因，无外乎以下几点：

第一，不知道自己的兴趣与优势所在；

第二，无法将个人兴趣转化成职业优势；

第三，无法找到支撑自己完成梦想的社会资源或物质支持；

第四，不敢尝试，害怕与社会期望背道而驰。

虽然我们在生活中听到的关于理想的故事，最多的是某人迫于生计，被迫放弃理想回归现实，但通过我对周围年轻人的观察发现，其实大多数人并没有经历这种理想与现实冲突的时刻，而是直接败在了第一条，即"不知道自己的兴趣与优势所在"。所以，当有人向我询问："你常常说要做自己喜欢做的事，要做自己热爱的工作，但问题是，我根本不知道自己喜欢什么，该怎么办呢？"

对于这种情况，我能给出的第一条建议就是：**敢于闯荡，敢于失败。**

尤其是刚踏入社会的年轻人，可以给自己留出 5 年的试错时间，在这段时间里，不要规定自己一定要达到什么成就，而是勇敢打破束缚，自由去探索未知。

可能在很多人看来，我一直是一个目标感非常强的人，永远知道自己将要去哪儿，并为之一往无前，甚至有人直言不讳："郝律师，你是不是一直都没有走过弯路？"其实不然，我并不属于那部分很早得悉自己使命的幸运儿，相反，我在这方面属于一个相当晚熟的后进者，在确定最终职业方向之前，也经历过不止一次的探索和试错。

第一次兴趣探索期开始于 1969 年，离开课堂之后，摆在我们面前的有两条路：到农村去、到边疆去，或等待学校分配。在学校分配的去向中，入伍当兵的机会是非常难得的，女兵更是稀有。由于我在校时表现优异，有幸作为万分之一的代表，去了部队，从一名学生成为一名女兵。

作为全校慎重选拔出来的 7 人之一，能够参军入伍在当时绝对是一件值得自豪的喜事，但对于刚刚十几岁的我来说，完全是在懵懵懂懂中踏出了离家的脚步，开始了自己的军旅生涯。

进入部队新兵连后，并没有留下让我探索自己兴趣的空间，摆在我面前的只有两条路：是留在山下做卫生兵，

活得漂亮

还是上山做通信兵。如果按照我现在的心性，可能会选择做卫生兵，挑战不可能，学医，多学习一些技术。但当时的我对这一切完全没有概念，选择了做通信兵。直到几年之后当卫生兵的同期女兵都有机会进入医学院深造，我还在当一名普通的长话员，这让我第一次对自己的选择产生了一丝迷茫，也让我第一次开始思考自己未来想要走的方向。

第二次对兴趣的探索，发生在当兵期间。

我当时性格活泼开朗，能写会画有才气，有机会为连队写总结、出黑板报、撰写对联标语等，有时候还被调去刻蜡版印刷教材，虽然凭着兴趣做这些工作，但随着见识的增加，不仅使我的能力得到锻炼，也无意中发现了自己在文字和口才方面的优势，为我后来的职业选择奠定了基础。

第三次对兴趣的探索，伴随着我从部队回京。随着年龄和阅历的增长，此时我对自身的探索也从一种蒙眬的感觉，转为清晰的目标规划。那段时间，每当我下班后踏着昏黄的路灯回家，我都会在路上反复思索对未来的规划——"我想要的究竟是什么？""如何才能将兴趣与擅长的方向结合在一起？"然而，头脑中想的东西越多，我内心的迷茫反而不减反增，直到我看到了那部改变我一生的电影《流浪者》。影片中的女律师为"拉孜"在法庭辩护的一幕，让我深感震撼的同时，也让我从中捕捉到了两个职业信息，一个是律师，一个是保险。那时我才知道，原来这个世界上竟然有一种工作是"靠嘴说话"挣钱的！

在反复研究这两种职业的工作内容、发展前景以及与自身的适配度之后，我终于锁定了一直在寻找的答案：我要成为一名律师，并将其作为我今后奋斗一生的终极目标。

虽然这段探索的时间落实在纸面上只剩寥寥数语，却让我走了十几年的光阴岁月，当真正锁定自己想做的事业时，我已经过了 30 岁。这也是我想给年轻人的第二条建议：**开启你的兴趣探索，锁定你的想做之事，什么时候都不算晚。**

可能有人会觉得，这样做似乎有些小题大做。对于大部分人来说，确定一份职业是否满意，可以有多种评判标准，比如薪酬、环境、氛围、发展前景，以及难度挑战等，至于喜不喜欢，是否与自己的价值观相契合，反而是其中最微不足道的一环。然而，我之所以会将兴趣放在探索职业道路上的第一位，是因为在我看来，兴趣永远是区分职业与事业的一个最简单的判断标准。

举个例子，为什么很多人换了很多份工作，始终觉得没有动力，甚至无时无刻不想逃离？最根本的原因，是他们所从事的工作与他们的才干、兴趣相冲突，所以无法得到更多的驱动力。就像让一个不善言辞的人转行去做销售工作，即使是最普通的工作内容，也会成为他日常生活中的梦魇和折磨。

在恋爱关系中，人们经常会说"和一个你爱的人在一起，每天都是情人节"，其实工作也是如此。如果将工作比喻成恋爱关系，它在一生中陪伴你的时间，可能会比伴侣陪在你身边的时间还要长。如果你希望成为一个平庸的人，选择一份差不多的工作，那么，你不用听从任何人的建议，也可以在差不多的路上走得很好。但如果你希望自己的一生能够有所建树，能够做出远超于其他人的成就，拥有不可替代的独特价值，那么遵从你自己的内心，找到属于你的真正方向，不仅会让你在这条路上走得更愉悦，也会大大缩短抵达终点的时间。

换句话说，如果你对一项工作没有兴趣作为原始动力，很可能会在无意识中剥夺自己获得更大发展的可能；相反，如果你在做一件事时，会被内心的热情和信念驱动，这种生命中最纯粹的意愿会带来一种强大的能量，并以某种创造力的方式展现出来，形成一股强大的助推动力，帮助我们达到一种难以企及的高度，并且让这一切自然发生。这种契合所带来的自由和愉悦感，就是帮助你做到脱颖而出的关键。

我要对年轻人送出第三条建议：不知道如何做出正确选择时，可以先将眼前的工作做好，通过这个工作给自己打下良好的基础，在适应的过程中发现自己、匹配自己、成就自己。

以律师行业为例，我经常建议很多刚入行的新人，在工作初期接案子的时候不要挑拣，如果有可能的话，刑事、民事、商事、诉讼、非诉，什么类型的都可以去做一做，哪怕这个案子不赚钱，也可以尝试去"摸一摸"，通过这种"广撒网"的方式去寻找你的兴趣点。在这个探索的过程中，你可能会发现自己曾经以为的喜欢，不过是一厢情愿的想象，也可能会在无意中发现被自己忽视的宝藏。

在这个探索的过程中，你可以屏蔽掉所有影响你做出正确判断的干扰因素，比如丰厚的报酬、外人的建议、现实的因素等，而只需关注自己内心的实践体验和感受。

就像这个世界上无法找到一个绝对完美的人一样，这个世界上也没有绝对完美的工作，我们很难喜欢一个工作的所有方面，就像一个人总有优点和缺点，当你在审视一项工作是否为你所爱时，不要凭借第一印象就盲目判定，而要投入精力去深入了解，将自己放到具体情景之中去体会，不仅要关注它光鲜的一面，也要了解其背后需要付出的诸多艰辛。

如果暂时无法找出答案，或者暂时无法做出改变，也不要为"这份工作不适合我"而感到过度焦虑。要知道，任何工作都有拓展成一份有吸引力的工作的可能，你可以试着从眼前出发，寻找当下工作与兴趣的交集，拓展一份工作的深度与广度，并从中找到自己最擅长、最有价值感的工作内容。当你成功地使兴趣与专业在某一方面达到和谐共融时，也许就能创造出一份专属于你的"相对完美"。

4. 从敢想到敢做，实现真正的转变

能够在人生中一个较早的阶段就遇到自己喜欢做的

事，明确未来要走的方向，其幸运程度已经超越了大多数人。然而，这并不意味着你就已经拿到了理想生活的通行证，从此过上梦想中的生活。

这也是令很多人感到疑惑和不解的地方：明明已经察觉到自己的心之所向，但在现实的诸多压力之下无法发挥出自己的真正优势。久而久之，在这种内心与现实的背离之下，既无力寻找转身的契机，又没有安于现状的决心，那种想要而不可得，想入而不得其法的痛苦，甚至比浑浑噩噩地混日子更令人无法接受。

在我看来，世界上根本没有真正的"怀才不遇"，如果你没有遇见自己的伯乐，无外乎两种原因，要么是"才"不够大，不足以支撑你迈出探索外界的第一步；要么是主动性不够，没有创造出"遇"的可能，仅仅靠着被动等待安排，错失改变命运的良机。

我在前面强调过，一定要尽可能靠近自己梦想的工作，但梦想不是空想，更不是幻想，不管是达到一个目标还是完成一件事情，都不能仅仅依靠头脑里虚无缥缈的规划，而要从思想落实到行动，完成从想做到敢做的真正转变。

首先，对你想做的事情建立具体化的认知。

活得漂亮

自从在电影上了解到律师这个职业，我心里就像突然在黑暗里被点亮了一盏明灯，立刻觉得眼前豁然开朗：对！这就是以后我想从事的工作！但在当时那个年代，没有百度、了解外界信息的渠道有限，别说身边从事律师行业的人寥寥无几，连知道这一行业的人都非常稀少。

这一信息上的缺失，使得我对这一行业的概念仅仅停留在"这是一个靠嘴说话的工作"上，至于"律师究竟是什么样的职业？""属于什么单位？""中国的律师在哪里？""如何成为律师？""律师行业的工作内容、工作状态，以至于薪酬待遇、发展前景怎么样？"……与之相关的所有问题，完全是一片空白。

既然无法一蹴而就，只能采取迂回的方式一步一步去靠近。我经过不断探索，终于了解到，原来我国的律师制度直到1979年年底才开始恢复，当时注册在案的律师人数只有200多人，用现在的话来说，算是一个无人问津的小众行业。它属于司法部，各省市是司法厅、局。

我尝试改变的第一步面临着重重困难。由于我在公安局工作的特殊性，入行不容易，要通过层层考核，离开更不容易。经过若干次努力后，直到1983年，也就是中国律师制度恢复的4年之后，我终于等到了一个机会，调到了北京市司法局，去实现我当律师的愿望。

虽然司法局的名头听上去非常唬人，但在当时并不是什么热门单位，连办公楼都被设在了位于北京市雅宝路南下坡的一处民房里面。除了办公地点寒酸，当时从事律师行业的人员不仅人数稀少，律师队伍的组成也远没有现在这样纯粹正规，有建国后的第一批律师，也有家里打官司后对法律有了兴趣，自学成才的，有教师转行的。以至于我这个公安干警的出现让司法局人事处长感到震惊，甚至提出了"你这么好的条件为什么当律师？"的怪问题。然而，再优秀的人、再好的条件，也必须把"服从分配"放在第一位。虽然我非常想快一点儿实现律师梦，但进入司法局的第一年，我却因为"条件好"被直接分配到北京市司法局党委办公室。

不管是在职业选择的广度还是自由度上，现在的年轻人都比我们当年要丰富得多，但同时也衍生出一些隐患，如果没有较强的辨别意识，就很容易被网上或道听途说来的成功案例所迷惑，对某些职业产生不切实际的幻想，直到被现实泼了一盆冷水，才悔之晚矣。

虽然我们在探索自我时有试错的机会，但能少走的弯路还是要尽量规避。如果想了解某个行业，除了可以通过

活得漂亮

招聘网站、实体探访等方式，还可以通过实习、兼职、做志愿者等方式亲身参与到具体的工作中。唯一需要注意的是，在这个过程中，不要被任何外界声音所裹挟。只有沉浸式地感受心灵带给你的所有反馈，你产生的切身感受才是最真实的。

其次，针对想要达到的目标，提升自己的专业技能与实力。

为了尽快从一个小白达到拥有专业律师所具备的硬件条件，我一边在司法局党委办公室工作，一边专心备考，终于在 1984 年，也就是我在司法局工作一年之后，考上了中国政法大学法律系函授班（在职学习）。同年年底，律管处需要一个办理"案中案"①的干部，我成功抓住这次机会，被调入司法局律师工作管理处。虽然没有成为真正的律师，这次调动仍给了我很大信心，因为这意味着我有更多的机会参与律师的具体工作，有更多渠道了解当时律师群体的一些真实数据及具体情况，使我离自己的律师梦又近了一步。也就是在那段时间，我第一次真切体会到了律师行业的状况和不易。

---

① 所谓的"案中案"，就是律师在办案中出现了违纪。当时的"律管处"下设一个部门，相当于今天的"惩戒委员会"。

俗话说，"台上一分钟，台下十年功"，这句话不只对于演员，对于律师也同样适用。要想达到电影中的律师那样侃侃而谈，伸张正义的效果，背后需要付出的努力必定是非同寻常的。但是，这些了解并没有让我产生退缩的念头，反而让我随着对律师行业了解的深入，更加确定了自己从事这一行业的决心。

1986 年 7 月 5 日，第一次全国律师代表大会在北京举行，中华全国律师协会成立，律师的自律组织体系逐渐形成。同年 9 月，我顺利通过了首届全国律师资格统一考试，我的律师资格证是北京市的 1400 号，1987 年获得律师执业证，编号为 0187210006。这串数字看似毫不起眼，却意味着我已经拿到了律师职业的敲门砖，推着我继续前进，我也由此开始了我"兼职律师"的生涯。

然而，即使我获得了律师执业证书，仍然不能成为一名专职律师。于是，我从兼职律师开始做起，一做就是 8 年。一直到 1992 年年底，司法局要成立自己的律师事务所，我被选调做负责人，1993 年年初我被正式调任到国办的北京市天宁律师事务所。至此，我的身份才得以正式转变，开启了我的专职律师生涯。

不管在哪一行业，兴趣和文凭都只是你进入一个行业

活得漂亮

的敲门砖，没有实力作为基础，带来持续的价值输出，仅凭一腔热血很难走得更远。即使你有超高的天分，要想做出一番成就，也要做好坐几年"冷板凳"的心理准备，只有充分利用这段时间不断精进自身、寻找机会，才能获得想达到的认同和青睐。

最后，从敢想到敢做，最关键的词不是"做"，而是"敢"。

从1983年到1993年，谈及我的10年追梦之旅，我心中充满感恩。在这个过程中，我也有一个小小的体会想跟大家分享，那就是——**谋事在人，成事在天，事在人为，有志者事竟成**。虽然经历了一些坎坷，但总结这些年的职业生涯，我认为自己是有点小志气，有点小运气，还有点小福气，也有点小成绩的。不管是从公安局调到司法局，从党委办公室调到律管处，从律管处调到律师事务所，还是从国办所到创建合伙制盈科律师事务所，我在这条路上的每一步关键转折看似水到渠成，但每一步都不是凭空降临，而是以实力为基础，以行动为契机，努力争取到的。

这让我想起了一个真实的故事。1991年司法部组织了全国法律顾问工作交流会，我代表北京市司法局去河南洛阳参会。会上有个会务人员，在参观游览时也做导游。接触的时间长了，彼此熟络起来，一天他跟我说："郝领导，我听了你们北京的经验介绍之后，知道了律师的作用这么大，也特别想当律师，您觉得我有机会吗？"

年轻人有这样想法让我非常欣慰，我当下就拍着他的肩膀鼓励道："当然有机会！我回北京后就给你寄书，你从现在开始学习，一定没问题！"后来，我回到北京后的第一件事，就是给他寄了备考律师的全套复习用书，还写了一封鼓励他的信。而他后来也如愿顺利通过了国家统一司法考试，成功加入了律师队伍。有趣的是，盈科威海律师事务所开业时，他拿着那封当年我寄给他的信，来到我面前亲手递给我，激动地说："郝主任，这是你当年给我手写的信，直到现在，这封信我还留着。"旁人听了打趣说，"这封信非常具有纪念价值，送到博物馆吧。"他现在也是我们盈科律所的一员。

可能有人会将这类奇遇归功于好运的突然降临，但我不这么认为。与其说"当你专注时，整个世界都在为你让路"，不如说"当你真的渴望某种东西时，哪里都是路。"这个追逐的过程，同时也是你与这个世界博弈的过程，如果你能克服初次上路的胆怯，勇敢迈出前进的第一步，不管你前面走得有多慢，都已经走在了不敢尝试的人前面。最终，随着你实力的不断累积，将来也会越走越快。

5. 在你的领域，成为榜样

　　提及未来社会职业的发展趋势，一个永远绕不开的话题就是人工智能（AI）。随着 AI 时代的全面到来，不仅改变了许多工作的性质和要求，使得相当一部分机械性工种面临着贬值甚至被取代的可能，甚至会冲击到之前的技术革命很少受到影响的群体，比如 AI 绘画、AI 生成文章、AI 写代码、AI 直播，等等，这极大地冲击了人们对技术想象的上限，引发了一大批高学历、高收入人群的失业焦虑，甚至在律师行业也不例外。

　　为此，也有不少年轻人请教过我："在 AI 时代如何开展职业发展？"，希望能找到一个永远安全，不会被取代的行业，然而，我可能要先给大家泼一盆冷水。

　　首先，人工智能会带来颠覆性革新，引发大规模失业吗？——会，技术发展必然会"改造"一部分行业，也会

"消灭"一部分行业，不管我们愿不愿承认。历史车轮滚滚向前，不会以个人意志为转移，一旦故步自封，就会被远远甩在后面。

其次，如何才能找到一个一劳永逸，永远不会被取代的工作呢？

很遗憾，这样的工作并不存在。随着新技术的广泛应用并在各行各业带来组织结构上的变化和重组，我们很难保证自己当下的位置不会有被取代的风险。即使是暂时看上去安稳的工作，也有可能在未来的某一天突然被颠覆。唯一能够保证自己在这股洪流中生存下来的办法，不是找到一份永远不会被取代的工作，而是找到一个永远不会被取代的你自己。

无论你现在处于成长中的哪个阶段，正在从事什么工作，都要时刻保持这样一种忧患意识。我们无法改变外界的硬性条件，只有通过有针对性地强化自己的独特优势，将自己当下的知识技能进行优化组合，全面提升自己的个人软实力，才能增强自己的"不可被替代性"，成为这个世界上独特的存在。

那么，如何才能在最短时间内完成不可替代性的大幅提升呢？在这之前，我们可以通过以下几个题目，对自己目前的能力水平进行一个大致判断。

（1）你是否公司或团队的核心决策人员或重要工作的承担者？

（2）你现在承担的任务和责任，换成别人能否同样胜任？

（3）你所达到的成就，是否有超出常人的独特之处？

（4）截至目前，你最引以为豪的能力和价值有哪些？

想象一下，当你与一群教育背景相似、职业发展道路相近、技术能力水平相同的人站在同一起跑线上时，如何让自己被人一眼看得到呢？一个最简单的方法，就是站位比别人高。即使穿着相同的服装，站在山顶的那个人也会比混迹在山脚下的人群中迎来更多的关注目光。这段从山脚爬到山顶的路，就是一个人从平庸到榜样、从普通到卓越的必由之路。

方法一：先从意识开始，建立高标准的思维和认知；再从行动开始，一步步培养自己把事情做到极致的能力。

从小到大，不管是在学校还是在工作中，我都无法容忍自己不是做得最好的那个人。就像前面所说，这大概就是我骨子里的那么一点儿"小志气"，所以无论在人生的哪个阶段，甚至在没有明确自己的人生目标之前，我都将优秀当成对自己的基本要求，不管是幸运地去部队接受洗礼，还是转业后初次择业，我都是少数人中的少数，即使是一段十分短暂的经历，我也会尽量将每件事情做到极致。

当然，这点志气也离不开 7 年军旅生活对我的培养。部队的技术岗位，对人员素质要求极高，所以从 17 岁到部队以后，"凡事拼尽全力，凡事做到极致"的观念更是已经融入了我的血液之中，成为我做人做事的根本准则。

很多人说，在工作中没有人是不可替代的。但我认为，把一切做到极致就是无法超越的，即使可以找到勉强替代你的人，也是"除却巫山不是云"。要达到这种不可替代的属性，不需要你有多么高的天赋，而是要从调整你在潜意识中对自己的定位开始，将自己从"平庸"调整到"凡事勇争第一"的频道上去。

当你习惯于将优秀当成一种对自己的基本要求，这种潜意识中的强者思维就会通过一些外在动作、眼神表现出来，造就你独一无二的气场。对此，我有一种更直观的判断标准，就是看这个人身上是否有一股劲儿，也就是人在潜意识中散发出的强烈信号。当这种信号被同频率的人接收到，很多命运的转机也会因此而来。

方法二：有意识地建立你的个人品牌，在各个领域建立榜样效应。

从概念上来说，一个人在职场中的不可替代性，并不仅仅看他的学历资历以及技能水平，而是将这个人身上的所有特质，比如个性、知识和经验等，当成一个组合去整体评估。如果这个人的最终得分能超越同行业的平均水平，他就拥有了不可替代的资本。

历数过去的时光，我经历过无数次成长的挑战，也在不同时期、不同领域经历不少高光时刻，比如上过《新闻联播》《焦点访谈》等电视栏目，做客过《对话》和《专家访谈》节目，荣获过"央视普法明星"的称号，参与办理过许多重大疑难案件，也涉足过知识产权类案件。1998年我带领律师事务所跨进火热的房地产市场，为北京市"水清木华园""国际友谊花园"等十几个房屋建设项目及个人住房贷款提供法律服务，多次担任光明日报社、党建杂志社、中国杂技团、北京市妇联、朝阳区政府，以及诺基亚航星通信系统有限公司等数十家单位的法律顾问。

此外，我还利用业余时间参加各类法律宣传活动。

1994 年以来，我先后被北京电视台《钟鼓楼》《热线律师》等节目聘为特邀嘉宾做现场直播；1996 年，又受到中央电视台（CCTV-1）《今日说法》栏目的前身《社会经纬》节目的邀请，担任《是非公断》普法栏目的主持人，受到栏目负责人和广大电视观众的好评；还就大家的来信和关注做了一期《郝律师答观众问》，2005 年又成为中央电视台"社会与法"频道（CCTV-12）《法律讲堂》栏目的普法明星。

作为一名资深律师，我的成绩与时代一起成长，在自媒体时代，我又成了一个自媒体创作者，在一些视频平台拥有了几百万粉丝。在做好本职工作的同时，我还专注于做好法制宣传，通过写作及一些线下活动，用行动推动着中国法治建设的进程。作为资深律师，我坚持既有老本又有新功的理念，也不断创新着。

这么多年过去，我在积极建立个人品牌的道路上，一直遵循着通过个人魅力和业务能力反哺品牌的原则，通过对知识技能的重新组合，完成复合型通用能力的提升，以保证自己胜任这个不断变化的社会需求，并在这条路上尽力做到了电视有影、广播有声、报纸有文、网络上有动静。虽然每一段实践、业绩和创新产生的只是星火之光，

　　　　　　　　　　　活得漂亮

但星火之光汇聚在一起，却也足够发光发亮，一直在照亮着我前方的路。

通过建立个人品牌作为自己的社交名片，并不是一个新鲜话题，只要随便翻翻各种媒体、公众号，都可以找到各种方法攻略。但对于个人来说，如果没有操作性，再多的技巧也只是纸上谈兵，要想成为一棵经久不衰的"常青树"，除了不断精进专业技术这个基本点之外，还要学会利用一些方法技巧，通过提升自己的复合型通用能力，有意识地强化你的个人特质，成为你所在领域的榜样标兵。

试想一下，如果一个人在做文员的基础上，还擅长写作策划、视频拍摄、网络运营，甚至品牌推广，可以在保证专业工作的同时，将每项工作发挥出最大效能，那么，这个人就会从一个普通的文员，变成一个跨界型多元人才。

工作中，像这样可以达到复合目的又可迁移的通用能力还有很多，比如形象管理、口才、沟通、授课、销售、剪辑，等等，当你完成对自己潜能的深度挖掘，不断延伸自己的能力边界，从一个工作的旁观者变成深度工作的践行者，将附着在你个人身上的宝贵性格品质全部放到这项事业中时，那么，这些特质就会成为你在这个时代建立不可替代性的基础。

方法三：利用有影响力的代表性事件，确定自己的榜样地位。

当你已经在某一领域有了比较深厚的积累后，还要学会给自己的实力找到展示的舞台，使自己更快地成长。否则，就像一个人去公司投简历，里面只写着技术过硬，却没有相对成熟的作品作为展示，那么这句评语的分量就会大打折扣。只有经历一个从无到有，再从有到无的过程，才能晋级为业内当之无愧的标杆人物。

在我的职业生涯中，这样的展示机会数不胜数，细想起来，也有几件记忆深刻的事情。

第一件事发生在 2008 年奥运会召开之际，我作为朝阳区人民政府的法律顾问，担任了许多重要项目的论证和危机处理工作。其中之一就是秀水街撤市，这在当时是中外影响力很大的事件，在很多外国游客看来，来中国游长城、逛秀水街、吃烤鸭必不可少，但秀水街存在许多不安全因素，要进行改造。作为政府的法律顾问，在秀水街撤市改造中，我们首先遇到的问题是，撤市的主体和撤市的法律依据是什么？市场撤消后对有执照的小业主如何安置？另外，小业主营业执照有效、营业场地变更后怎么办？这些法律关系如何处理？各种问题千头万绪，非常棘手，一旦处理不好都将造成不好的影响。我们接受任务后决定迎难而上，啃一啃这块硬骨头。从 2004 年 4 月接手正式投入工作，到 2005 年 10 月，我们律所用了近一年半时间，终于圆满完成了秀水街撤市的相关工作。

第二件事同样发生在 2008 年，我记得非常清楚。是奥运会召开前夕的 4 月 24 日，北京某房地产有限公司售楼人员的住处发生了一氧化碳中毒事件，导致九死一伤。事故发生后，伤亡人员的亲属陆续赶到北京，最多时达到了 230 人，而且对立情绪紧张，给这项工作的处理增加了难度，尤其当时正值北京奥运会前夕，这起轰动一时的九死一伤一氧化碳中毒事件如何解决，不仅关系着政府形象，也关系到北京这座奥运城市的世界形象。

虽然有不少律师和政府工作人员在工作，但直到 5 月 7 日，双方仍未达成协议，家属情绪异常激动。5 月 8 日，我接到了相关领导的电话，让我以政府法律顾问的身份，出面协同前期介入的律师共同协调解决此问题。于是，我采用了一种迂回方式，用自己在中央电视台经常出镜带来的名人效应劝解家属，用法律规定逐一解答家属提出的各种问题，并帮他们分析了采用调解和诉讼不同路径的利弊。经过两天的努力，这起棘手的突发事件最终在调解中和谐结案。

因为我在奥运会准备期间参与并完成了很多重大事情的应急处理，还因此荣获了北京市朝阳区人民政府颁发的"北京奥运会、残奥会个人功勋奖，"优秀共产党员、优秀律师。此外，作为朝阳区律师行业党委副书记，还获得了朝阳区社会建设与管理人才奖，北京市三八红旗奖章。

我始终坚信：只有付出才能铸就辉煌，只有奉献才能收获精彩。这种付出不能只靠某几次偶然的一鸣惊人，而要通过不断加大产出、不断创造价值。这样，你才能有机会去争取更多的回馈。

正所谓"无心插柳柳成荫"，在过去的几十年中，我不仅在经济犯罪和经济纠纷诉讼领域办理了很多轰动全国的大案，积累了丰富的办案经验，还曾成功代理了轰动全国的《郭沫若子女诉陈明远、中国文联出版社著作权纠纷案》《黑豹乐队诉湖北扬子江音像出版社著作权纠纷案》《中央人民广播电台少儿部诉天津教育出版社关于出版孙敬修全集著作权纠纷案》《中国金辰公司诉中关村"五公司"计算机软件侵权案》等。无数次大事件的解决，让我收获颇丰，不仅让很多人记住了我的名字，由我参与办理的很

活得漂亮

多大要案的辩护词、代理词还多次被收进大案、名案辩护词、代理词精选及最高人民法院的案例选。

　　事实证明，只有拥有"不怕被证明"的实力，才能摆脱内耗焦虑，跳出"不断被证明"的命运。面对不断变化的社会需求，与其绞尽脑汁去向外寻找一个不存在的保证，不如向内发展自身的实力。

▼

第 二 章

扭转
认知

▼

改变提问，改变人生

扭转

1. 找到对标人物，开启转型的第一步

关于以什么样的面貌去度过自己的一生，每个人都有自己的想法，但并不是每个人都有自己做主、自己规划人生道路的勇气。或者说，在我们每个人的一生中，其实都隐藏着一个可以重启人生的按钮，只要你鼓足勇气按下去，就能收获一段截然不同的人生体验。然而，因为各种主客观因素，关于这一行动的选择，却是知之者甚多，而做到者寥寥。

对于大部分普通人来说，一个更熟悉的行为模式可能是"晚上想想千条路，早上醒来走原路"。为什么会囿于自己划下的疆界，不敢迈出改变的第一步呢？带着这个问题，我特意询问了身边一个正在为职业发展而焦虑的"小朋友"。

我问他："既然已经有自己的想法，为什么不主动开始呢？"

他说："其实，我的问题恰恰就在于不知道应该如何开始……"

他的回答确实出乎我的意料。而我在 70 年代末期，毕业包分配的年代，就已经有了主动进行人生规划的自主意识。不仅有，还立刻去做；不仅去做，还要到中央广播电台去讲；不仅去规划自己的人生，还与我先生一起讨论后，也为他的人生规划提供了建议。

我在 30 多岁决定转行，在了解了所有行业的大致发展前景后，我给自己选定的道路是成为一名律师，我先生选定的方向是彼时刚刚兴起的保险行业。可能我的眼光确实比较超前，在很多人还不了解律师和保险为何物的时候，我俩就一头扎了下去。就在我奋力追逐我的律师梦的同时，我先生通过考试进入中国人民保险公司，从最基层的保险杂志做起，到成为公司的宣传处长，再成为公司的对外宣传员，在中央电视台财经频道（CCTV-2）进行系列传播，到了 1996 年、1997 年左右，我们俩都在各自选定的道路上取得了不错的成绩。

当时我们有一个朋友是法制日报社的记者，因为他姓

活得漂亮

郑，我们都习惯性地称她为"郑法制"。她每次见面都要打趣我说："哎呀，你们两口子真火呀！今天是小郝在中央一套出来，明天是晓光在中央二套出来，中央电视台都被你们家给霸占了。"

从 20 世纪 80 年代初开始，到了 90 年代，我们就取得了这样的成绩，正是因为我们一直有自我规划的意识。

我先生在中国人民保险公司做了 10 年宣传工作后，最明显的感觉就是无法超越过去的自己。综合考虑之下，他决定离开舒适区，找到那个重启人生的按钮，并义无反顾地按了下去。他离开原岗位后，放弃过去的经验，从宣传工作走向业务，调到了出口信用部，也就是后来的中国信用出口保险公司。就在我实现了自己的律师梦的同时，他也终于如愿以偿，重新攀上了新的事业高峰，开始了新的旅程。

虽然这些故事如今讲起来不过寥寥数语，但我们两个人的选择在当时看来，确实属于"异类"——放着平坦的大路不走，偏偏要给自己规划一条看上去非常难走的路。但事实证明，我们走对了，不仅给自己做出了规划，还义无反顾地按照规划奔着各自的目标去奋斗，最后都做到了行业的塔尖，享受到了一段激情无悔的人生，这是非常不容易的，而且非常值得！

正是因为我们已经将这一条路早早走了一遍，知道这一路上可能会遇到的挫折和诱惑，总结了一些有用的应对之法，所以在听完那位"小朋友"的问题之后，我也能理解他的纠结。面对生命中的无限可能与千头万绪，与其懊恼自己的行动力不足，不如换个提问方式，将"我不知道怎么开始"，变成"我应该如何迈出改变的第一步呢"。

从我自己的经验出发，一个最简单的解决办法就是：找到一个或几个你想涉足的领域的榜样人物进行"对标"，通过分析他们的成长路径、关键决策以及为人处世的技巧，帮助自己从信息的洪流中解脱出来，从而更直观地看清自己未来可能会面临的问题、最终能够达成的结果，以及自己目前可以进行的行动或尝试，将自己对未来的想象进行拆解，从一个模糊的影像变成一个具体的、可视化的人物形象；将你需要解决的问题从"我想做成一件什么样的事"变成"我想成为一个什么样的人"，让自己在对方的带领下，迈出转变的第一步，沿着他曾经走过的路实现迅速成长。

为什么在做出改变之前，你总是眼高手低，迟迟迈不出行动的第一步？因为你对自己要选择的生活，始终停留在想象的阶段，就像在大海里捞一根针，自然无从下手。

此时，为自己选择一个对标人物，就像给这根针标上了一个定位目标，确实可以帮助你打破虚妄的幻想，让未来更具有可实现性。那么，应该如何给自己选择一个合适的锚点，让未来有的放矢呢？

首先，这个作为榜样的人可以是你身边的前辈、熟人，也可以是历史人物、现代人物，甚至是书里或电影里的虚构人物，但不管是哪一位，都要满足一个前提条件，即与你自己具有一定的相似性，这样你才能在后期进行参照时更具有参考性。比如我将自己对标希拉里、梁爱诗、撒切尔，因为我们背景相似、行业相似、性格相似，可以让我能够以对标人物为镜，通过研究她们对行业赛道的选择以及未来的职业发展路径，观察她们对优势的不同运用方式，达到反省自我的目的。

只有先知道自己是谁，然后才能知道你以后想要成为谁，就像你要计算达到一个目的地需要的时间之前，首先要明确起点和终点一样。即使不能在多方位保持路径上的相似度，起码也要满足优势相似、起点相似这两个关键要素。否则，即使你作为对标对象的这个人再优秀，但因为你在成长路上遇到的问题他全都没遇到过，你也就很难从他身上找到解决你的问题的正确答案。

其次，关于对标对象"咖位"高低的问题，也要"只选对的，不选贵的"。如果你现在的问题是缺乏改变的动力，需要一个明灯似的人物来激励你的下一步行动，你可以将行业内最顶尖、最耀眼的人当作自己的学习对象，通过观察对方的生命状态，构建出自己的长远愿景，想象自己未来可能拥有的最好的样子，从而在想退缩的时候，重新积攒起前进的长远动力。相反，如果你是一个缺乏信心与目标感的人，为了防止你在改变的路上半途而废，就不要选择与你差距过大的对标对象，最好选择踮起脚尖、努力3~5年就能够得着的人，保证自己在对标的过程中不断获得正面反馈，这样可以让你在这条路上走得更远。

最后，你还要确保对标人物的资料翔实，如果其本身资料很少，仅是靠道听途说或只能获得一些宣传式的碎片信息，那么这样的人物就不具备对标价值。

在马拉松比赛中有一个常见的跑步战术，被称为"跟跑"，即盯紧跑在自己前面的某个人或官方的配速员，跟着他们的节奏，按照固定的配速前进，可以帮助还不太熟悉这一流程的人掌握跑步速度，创造出更好的成绩，不至于一上场就乱了阵脚。

我们也可以把人生看作一场马拉松，当我们乱了节奏，不知道如何改变、如何继续时，为自己找到一名配速员，可以让你在尚不成熟的时候免走很多弯路，节省很多力气，久而久之，当这个"对标人物"内化成你精神世界的一部分时，你就会像在头脑中不断与一位"高人"切磋技艺，通过思维碰撞、知识迁移的方法，有针对性地进行吸收和学习对方的思维方式、思维逻辑以及行为习惯等，你的认知也会随之发生明显转变，从而使你一步一步地接近自己心目中最理想的样子。

更令人惊喜的是，这种转变的发生并不需要等待太久，可能只是一瞬间的灵感，就能让你恍然大悟，进而发生脱胎换骨般的转变。

愿想要改变自己、改变人生的你们，都能早一点儿遇到这样的人物、这样的时刻，尽早看到自己的独特使命，面对未来拥有无限可能！

2. 好问题是向前一步的思考

在一种模式中持续时间长了，不管是工作还是生活，都容易陷入一种思维停滞的麻木状态，既不再接收新的东西，也不再有任何产出，仅仅靠着惯性原地踏步，一遍遍地在过去的老路上循环往复。

刚开始时，这种经验覆盖所组成的舒适圈还能带来一些愉悦的安全感，但随着时间的拉长，这种舒适会慢慢地变成一种束缚，这也是很多人工作时间一长就会感觉麻木厌烦的原因。随着年龄、阅历、经验的增长，当你想摆脱当下的环境去寻找新的出路时，却发现自己已经失去了再次出发的能力，就像一只被养熟了的鸟，被关在笼子里的时间长了，即使笼子被打开，它也会因惧怕陌生环境而选择缩回笼子里一动不动，丧失了思考与自省的能力，每天按照既定模式做着重复机械性的动作。

可能有人会觉得，这样的生活有什么不好呢？没有变化就代表着没有危险，没有进步就代表着不用付出努力，干脆维持着"躺平"的状态，何乐而不为？

确实，每个人都有权利选择自己想要的生活。但这种状态的可怕之处在于，它不仅能让你一边厌恶一边慢慢对其上瘾，面临被彻底吞噬的风险，还能麻痹你的大脑，让你感知不到外界的惊涛骇浪，毕竟"躺平"也是需要资本的。如果你对风险视而不见，当危险真正来临的时候，你就只能被动地迎接命运的毒打而毫无还手之力，因为当你选择闭上眼睛的那一刻，你交出去的不仅是自由清醒之意志，还有你对人生的主动权。

在我看来，一个人在成长中的最大悲哀莫过于此。正所谓"生于忧患，死于安乐"，不管现在的生活是否安逸，我们始终要让思维保持在一个活跃和警醒的状态，而保持这一状态的最好办法，就是学会自我提问。

首先，学会自我提问可以帮助我们始终保持与内在的联结，了解自己的真正需求，包括自己没有意识到的不安和恐惧，进而做出与内心需求相匹配的选择和行为。

虽然我在司法局律师工作管理处已经工作了 8 年，也拿到了律师资格证书，可以兼职代理律师业务，生活平静而安稳，但我心底总有一个声音在不断敲打："这是你想达到的最终目标吗？""你离真正的律师梦还有多远？""你还能在什么地方做出改变？"……虽然一直没有找到合适的改变契机，但这些问题让我在心中时刻绷着一根弦，不断思考着各种转变的可能。

直到 1992 年，北京市司法局组建了国办性质的律所——天宁律师事务所。司法局领导希望我去担任负责人，不过只给我两年的时间，在这期间，我可以带工资、带职务，两年后律所与司法局脱钩。面对这一身份的突然转换，身边的人提醒我慎重考虑，而我几乎立刻就答应下来。这几乎像是身体的一种本能反应，先于意识之前帮我做出了选择。

这正是我们思维的神奇之处，当你不断向内提出问题时，你的内心也会不断给出答案。这种提问所带来的思考几乎是一种下意识行为。举个简单的例子，如果你在做一件事时想着另一件事，即使你想掩饰自己，你的动作、眼神，甚至口误，也会暴露你的真正想法。

于是，我顺利抓住这次机会，向我心中的律师梦再次靠近。离开司法局律师工作管理处的那天，我对前来送行的同事们说："等着啊，5 年后，我一定能成为一名好律师！"

其次，自我提问可以帮助我们厘清思路，找出思维中的盲点，并及时调整道路。

随着律师市场化的进一步发展，各种合伙制、合作制的律师执业机构开始在全国各地不断涌现，带有计划经济特征的国办律师事务所开始逐渐露出弊端。

与此同时，我自己的内心也冒出了无数的问号："面对这一趋势，我能做出什么样的改变？""人们真正需要的律师服务到底是什么？""面对律师行业现状，我能够推动什么样的改革？""我真正想要发展的方向到底是什么？"当问题出现时，思考也在同步进行，并很快给出了答案。

1995 年，第四次世界妇女大会在北京举行，会议主题是"以实际行动谋求平等、发展与和平"在会上，一个个既新鲜又充满活力的概念被提出——"妇女权利""社会性别""非政府组织"（NGO）……这次盛会所聚焦的女性地位平等、家庭和谐发展与权利保护等问题，与我内心的种种思考不谋而合，也让我第一次清晰地意识到，运用法律知识让更多姐妹摆脱困境、收获幸福，应该是我对祖国母亲最好的回馈。

从那时起，我开始将婚姻家庭领域的研究作为工作重点，将维护妇女权益当作事业。然而，我很快发现，仅凭我一个人的力量实在太渺小，要想将一个人的行动变成一群人的行动，需要建立一个组织。

1996 年，随着《中华人民共和国律师法》的颁布，明确了律师是依法取得律师执业证书，接受委托或指定，为当事人提供法律服务的执业人员。与此同时，全国律师的总人数也突破了 10 万人。以此为契机，我率先在北京律师协会成立了"婚姻家庭专业委员会"，从与妇联合作建立爱心工作室开始，开通维权热线，进行普法宣传，提高妇女的法律意识，并带领一群人用法律专业技能，开启了妇女维权之路。

也是在 1996 年，我成为第一个走进中央电视台进行普法的律师，主持了一档名为《是非公断》的法治节目，讲解老百姓在生活中遇到的各种法律问题。几期节目播出后，信件雪片般地从全国各地飞来，"郝律师"也因此被大家熟知。

可以说，1996 年是律师行业的转折点，也是我执业生涯的转折点。很多人好奇，为什么当时代趋势发生变化时，我总能第一时间做出反应，甚至在很多时候走在时代前面。实际上，要想把握先机非常简单，就是始终保持自我发问、始终保持自省，始终保持用一颗开放的心去感知时代发展的脉搏，而不是等变化完成时再后知后觉地去追问。

再次，善于提出问题可以帮助我们从安逸的思维定式中跳脱出来，能够始终坚定目标，一往无前。

随着改革开放的不断深入，我国律师制度也在实践中不断完善，在质疑声中迎来首次改革：律师事务所不再占用国家编制，不要国家经费，实行自收自支、自负盈亏、自我发展、自我约束。但前提条件是，律师必须辞去公职，收入与业务数量、质量、社会效益、经济效益挂钩。紧接着，1987年律师开始试行合作制；1992年合伙制律师事务所开始试点，1993年全面铺开。

法治的进步，律师制度的完善，推动着自收自支国办所的脱钩改制，曾经占据重要地位的国办律师事务所，终于在2000年彻底退出了历史舞台。与此同时，又有一个选择摆在了我的面前：继续留在体制内，还是彻底走出？虽然我从情感上非常倾向后一个选择，但贸然开始新领域，心中还是难免忐忑。犹疑之际，我又问了自己三个问题："你一直以来的梦想是什么？""你最想做的事业是什么？""你想要帮助别人解决什么样的问题？"

经过慎重思考，我得到了以上问题的答案。我特别希望能够完全以我的想法组建起一个平台，继续完成我的律师梦。于是，在我国加入世界贸易组织（WTO）的2001年，我创办了合伙制的北京市盈科律师事务所（以下简称"盈科"或"盈科律所"）。

当你停止向自己提问，就等于你的大脑停止了思考。

人的成长之路就像攀登珠穆朗玛峰，我从未见有谁可以闭着眼睛，浑浑噩噩地走到终点。经过审慎的思考，在每次前进之前就在脑中想好下一步的落脚之地，通过不断提问的方式帮助自己发现问题，规避风险，保持人格的独立与思维的自由敏锐，是一个人成长的原动力。

最后，如何修复自己与内心的联结，开启与自我的对答模式呢？

（1）当你感到现在的生活让你身心俱疲时，停下来、静下来，有意识地与自我展开对话，学习捕捉自己表面想法与深层需求之间的不同之处，将其记录下来，进一步追问这种想法之所以存在的真实原因，并寻找解决方案。

（2）如果暂时无法找到问题的答案也没有关系，可以试着将问题转换一下，从不同角度、以不同方式将问题罗列出来，你可以自问自答，也可以带着问题向外界寻求帮助，从一个旁观者的角度重新审视自己的生活，也许会让你更直观地明晰自己的真正想法。

（3）保持一种开放的心态，在向自己提问的过程中，如果发现一些被自己刻意逃避或忽视的问题，不要第一时间采取否定的态度，比如"不可能""做不到""没办法"等，因为你的逃避并不会使已经存在的问题自动好转，反而会使其成为你深度思考的阻滞，就像一道深深的伤口，如果

活得漂亮

你对其视而不见，它只会因你的逃避而愈加恶化。只有当你开始正视问题、采取措施，才会迎来情况好转的可能。

不管你现在所处的外部环境如何，不管现状如何让你觉得身不由己，即使你现在暂时无法掌握人生的主动权，甚至觉得"想清楚了又怎么样，不过是徒增烦恼"，都不要放弃成长与改变的可能。

要知道，"提出问题"这一行为本身，甚至比得到答案更重要。因为当你提出问题的那一刻起，就已经不再是乌合之众。当你始终保持头脑清醒，勇敢地去看、去问、去想、去听，即使暂时没有答案，你也会在潜意识中寻找能够解决问题的线索，下意识地纠正思想和行为的偏颇，让转变的机会自动奔你而来。

3. 用迭代思维突破内心限制

所谓成长，并不是一段按部就班的直达通道，只要顺着既定的路线行走，就能长成你想成为的样子。相反，一个人的成长路径更像是在一个迷宫中行走，每一个方向都会衍生出无数选择。如果你恰好处在一个比较青涩的年纪，还没来得及搞清楚这个迷宫的运转规则，只看见无尽的岔路向远方延伸，虽然内心有些迷茫，但留给你试错的时间还有很多，大可以凭着初生牛犊不怕虎的热忱，走得义无反顾。

直到年岁稍长，做过一些选择，也走过一些弯路，终于等到稍稍对自己有了一些了解，想要思考人生的意义，有了改变的渴望时，很多人这才发现，自己竟然已经走到了迷宫深处。放眼望去，可以选择的方向越来越少，空间越来越小，四周林立的高墙犹如一道牢笼，限制了你向外探求的目光。此时，是继续留在原处，守着一小块舒适圈画地为牢，还是勇敢地背上行囊向未知进发，是摆在很多人面前的两难选择。

以上这种情境，大概就可称之为"成长悖论"的具体体现。面对个人成长与人生选择，几乎所有人都会经历两个经典悖论，即：要求你在对自我毫无所知的情况下，选择自己以后赖以谋生的专业；以及要求你在对这个世界运行规则一无所知的情况下，选择想为之奋斗终生的人生方向。其选择难度，不亚于上面提到的迷宫难题。在这种几

活得漂亮

乎是完全盲选的前提之下，走错路、入错行其实是大概率事件，只有一小部分人可以凭借运气，误打误撞地避开所有障碍物。

我也曾经属于那一大部分人中的一员，并花费了整整10年的时间才从一条分岔的小路重新导航到真正想走的大路上来。对此，我想通过自己的亲身经历给大家分享一些经验之谈。

首先，调整自己的定位，将自己从无意识的自我设限中解脱出来。这句话虽然算得上一句老生常谈，却是一个人成长过程的关键一环。毕竟，你站的位置以及所站的高度，直接决定了你在走出迷宫的过程中，能否比别人更早看出事物的本质并做出关键抉择。

我第一次感受到这种认知改变带来的自由，还是在当通信兵的时候，那时我第一次将自己的视线从地面投到了天空，第一次感受到俯仰天地之间，俯瞰宇宙之大的无穷奥妙。可以说，当时部队给了我一个特别好的机会，让我拓展了眼界，给了我无限的想象空间和机会，也在无形中调整了我的自我定位：其实，我也可以成为一个创造奇迹的人。

从小到大，我们经常听到"骄傲使人落后，谦虚使人进步""满招损、谦受益"之类的话，于是学会了收起自己的羽翼，殊不知，低调内敛诚然是一种美德，但不等于自我设限，更不等于不敢做梦！

从心理学上说，每个人的生命过程都是在复制自己心中的理想蓝图。你在心中为自己描绘了怎样的画像，你就会朝着那个画像的方向努力，人可以无限地接近自己的愿景，但几乎没有人能够超越自己的愿景。也就是说，如果你计划达到100分的状态，实际情况可能只会做到80分。同样，如果本来能做到90分，却只敢给自己定义到60分，实际上你可能只会勉强达到40分。

你对自己的评估和期望如何，将决定你望出去的半径究竟有多长。相信自己可以创造非同一般的前途，这种精神动力反作用于你的行为，才会促使我们走出自己画下的疆界，突破内心限制、抵达自由旷野。

其次，利用迭代思维看清事物的演化规律，才能立足当下、看到未来。

我对迭代思维的理解是：不管是在生活中还是在工作中，不管是能力还是思维，都要定时学习、定时更新，不断与时刻变化的世界产生新的连接点，并给予正确而及时的反馈，才能自然改变认知，找到新的出路。

刚开始决定组建盈科律所的时候，我对盈科的定位就与别家律所明显不同，我对它提出三个要求：一是一定要有时代特色，二是一定要能反映我的想法和意志，三是能够顺应国家发展大势。

什么叫有时代特色呢？在当时，律师行业正处于变革初期，还没有从传统的业务模式转到市场经济的轨道上来。我那时的思想就比较超前，在我看来，我即将组建的律所，一方面是要建立盈利的思维，另一方面是要拥有科学的因素，两个方面一结合，盈科就这样建立起来了。

很多人问我，为什么我对时代变化以及科技发展的适应能力那么强，电视媒体兴起的时候，我成了节目主持人；网络媒体兴起的时候，我又积极加入，成了自媒体创作者，不管是思维方式、语言表达还是认知先进水平，甚至超越了很多年轻人。实际上，这源自我一直以来的一个观点，我一直认为，律师应该是当今社会最能感应到时代细微变化的人群，不管是对新的思潮还是新的科技。虽然律师处理的是人的事情，但在社会科技发展与人性发生碰撞产生裂痕时，第一个发现和感知的人应该是律师。

因此，这些年来，盈科律所一直将科技作为发展的关键辅助。如今，随着数字时代的来临，盈科律所也启动迭代思维，加速"数智化律所"的转型与升级，比如：大数据管控平台全面上线，实现对盈科系统内各类数据的实时监控；通过投入使用 Law Wit 云端办公系统，打破空间限制，高效匹配律师办公需求；盈科 AI 律所智能空间站正式发布，通过"物联网 + 新媒体 + 视频 +AI"的方式，在全球范围内为客户提供及时、高效的一站式自助法律服务。

生物学上有一个概念叫作"物竞天择，适者生存"。从某种意义上来说，地球生物的演化过程就是一个迭代的过程。在这个过程中，越是能够主动进行自我迭代更新的生物，生存下来的概率就会越大。

如今，虽然我们没有被大自然淘汰的危机，但社会的淘汰机制还在，从科技发展的角度来说，任何一门技术都会在 5~10 年更新一次，而且这个更新速度正在越变越快，要想始终跟上世界的脚步，突破自我设限，就必须时刻让自己保持在最新状态，才能在变化来临之际动作最快、方法最新、做得最好。因此，我每年都会给自己定一个迭代的方向和目标，同时在接下来的一年里耐心地执行，每年给自己升级一个版本。我相信下一个 10 年，又是一番天地。

　　　　　　　　　　　　　　活得漂亮

再次，要想实现彻底的突破，除了扭转认知，还要具备行动上的迭代思维，哪怕只是前进一小步，也会比之前更进一步。

在成长的道路上，每个人的起点不同，达到终点的时间也不尽相同。有些人却给自己设下期限，"我30岁时一定要怎样怎样，我一定要达到年薪多少"，恨不得一步登天，还有些年轻人属于思想上的巨人，行动上的矮子，永远停留在头脑中的假想阶段，却因为害怕失败，在反复推演和漫长的纠结之中，让机会白白浪费。

很多接触过我的人都知道，我是一个彻头彻尾的行动派，只要头脑中有了切实的想法，确认没问题，那就不要拖延，立刻去做！

我在筹备创立盈科律所时也是这样，虽然心里有了大致的路径设想，但对于未来律所具体能发展到什么程度，做到多大的规模，甚至能不能盈利，都完全是未知数。当时的想法非常单纯，只是想通过律所搭建一个平台，共同做点事情，让大家在这个平台上有所收获。

之所以会有这种想法，还要从当时律师行业的特点说起。由于工作性质的关系，很多律师在当时都是单打独斗，甚至可以说有组织无纪律，处于一种散养的状态中。

当时律师的地位也远没有现在这样受重视，能发出来的声音都是很微弱的。

因此，我就希望能够通过盈科律所的成立，搭建起这样一个平台，既可以成为大家沟通的平台、学习的平台、交流的平台，还能成为所有律师心灵的港湾。在这里，你可以倾诉烦恼，分享心事，获得支持。律师们每天工作完回到律所，我们都会组织一些文娱活动，帮助大家疏解紧张的心情。

然而，就是从这样一个单纯的想法出发，我们从最初的 13 个人，发展到如今拥有 20 000 余名员工，当初我灵感迸发所起的名称，也随着时间的推移被赋予了更深的内涵。正如《孟子·离娄下》中所言，"原泉混混，不舍昼夜；盈科而后进，放乎四海"。源头的泉水汩汩滔滔，昼夜流淌不息，充满洼坑之后，继续前进，直至注入大海。这些话语正是时间回馈给我们的最美好的赠言。

不要紧张，突破自我设限并不意味着一定要做出多么大的成就，出现多么戏剧性的转变。所谓"迭代思维"，其实是一种笨功夫。比如一个好习惯的养成、一次认知上的突破、一次行动上的尝试，都可以成为一次迭代的实践，一次次微小的迭代累积起来，就会成为我们拓展边

　　　　　　　　　　　　　　活得漂亮

界，走出自我疆界的最佳助力，帮助我们在每一次都要比上一次更加逼近目标。

因此，迭代思维能够生效的最关键的一步，就是想好以后，立刻行动。与其不断在头脑里推演"要不要做"，不如从现在开始行动，在实际做事的过程中去琢磨"如何做好"，从而进入一种迭代模式，利用尝试—反馈—修正—推进的良性循环，持续优化未来的人生。

4. 提问式复盘，给自己打开更多可能

当你决定改变目前的生活状态，转而走向另一条通往卓越与不可替代的道路时，还要避免陷入另一种认知误区，即"只要我勇敢追求理想、坚持自我，做出另一种选择，就会如很多鸡汤文中所说的那样，人生从此柳暗花明，一鼓作气冲向人生巅峰。"

对于这种说法，我只能说理想是丰满的，现实是残酷的。并不能说，只要你决定改变了，世界就会自动向你靠拢。不管你选择了哪一条道路，都无法彻底规避风险的存

在，更何况，如果你选择的是一条少有人走的路，那么你即将遇到的问题与诱惑，只会比正常道路上所存在的更加扑朔迷离。

一旦危机真的出现，人们可能采取的应对措施主要有两种，一种是像蜗牛一样，缓缓地伸出自己的触角，小心翼翼地试探，稍微有点风吹草动，立刻退回到自己的壳里，从此一蹶不振，再也没有勇气探出头来看外面一眼；另一种是像变色龙一样，只有改变的机敏，却没有坚守正道的底线，一味追求眼前利益，结果却将自己曾经梦想的桃花源变成了另一个囚禁自己的牢笼。

以上这两种对改变与危机的处理态度，都是不可取的，但对于如何应对危机，很难用一句话给出正解。因为，在这张名为"改变"的考卷上，没有人可以为你提供标准答案，唯一拥有最终解释权的恰恰就是你自己。

在盈科律所发展的过程中，我曾遭遇过两段比较困难的时期。第一段是在盈科律所建立的初期，虽然我们成立的起点并不算低，当时我不仅在业内有一定的影响力，还因为经常在央视主持节目，拥有一大批喜欢我、支持我的客户群体，不管案件大小，案源始终是不缺的。然而，要养活我一个人和养活一个律所，概念完全不一样。每个月不管有没有进项，都必须解决员工工资问题、房租问题，才能保证律所的正常运转。

记得刚组建盈科律所时，为了节省一些费用，我们把精打细算做到了极致。比如在我们合伙人中，有的人会把一些用了一面的打印纸拿到律所，我们用另一面打印草稿，只有在打印正规用途的文件时才会用新纸。然而，即便是资源利用到这种程度，我也有几个不管在任何情况下，都不能凑合、不能改变的原则。

第一，为了增加律所凝聚力，不管律所多么困难，都要坚持给员工提供午饭。那时物价便宜，一顿午饭的成本大约是6元。员工自己出1元，剩下的由律所负责。即使后来物价涨了，这条规定也一直没有更改。

第二，律所在招聘员工时，不仅要考察其业务能力，还要考察其三观。想加入盈科，必须有两个人介绍，而且不能签长期合作协议，只能一年一签。合作一段时间后，如果合伙人觉得这个人三观不正，那么，即使这个人再能赚钱，我们也不会将他留在律所。

当时有很多人对此不理解，认为员工能为律所带来效益就行了，没必要这样严苛。然而，在我们看来，我们组建的是合伙制的律师事务所，其隶属关系应该是"人"大于"资本",是"人合"而不是单纯的"资合"。所以我们对律所的发展一直保持着小而精的态度,坚持"三观一致"的选人标准,先求稳再求快。

当时我们对这一条原则的执行严格到什么程度呢?举个例子,当时我们律所有一个人,业务能力很强。有一次,他打车去看守所见一个被告。下车时因为匆忙,把手机遗落在了出租车里。手机丢了事小,里面的数据丢失就很麻烦。他发现后立刻给司机打电话,说:"如果你能把手机给我送回来,我不要手机,我只要里面的手机卡就行了。"结果,等司机真的按约定时间给他将手机卡送过来时,他的态度却突然变了,改口说,如果你不把手机还回来,我现在就报警。最后,手机确实被成功拿回来了,他有些得意于自己的这套"计谋",给大家绘声绘色地讲述这件事,后来这件事辗转传到了我的耳中。

我和当时的几个合伙人听到这件事后,大家的一致反应是:这个人不讲诚信,爱耍小聪明。往大处说,他这种行为就是在破坏"规矩",以后别人的手机丢了,还会有人给送吗?就因为这么一件事,第二年我就和他解除了聘用关系。

虽然这是一件小事,可能在很多人,甚至现在的我看来，这样处理似乎有些小题大做，但当时我们对于选人的标准就是这么严格。正是靠这种宁缺毋滥的稳健作风，我们才得以一步步稳扎稳打，使所有的盈科人拧成一股绳儿，打出了自己的特色与口碑。

每个组织在创业伊始，都会经历一段相对艰苦的生存期。得益于严苛的准入标准，我们相对平稳而快速地度过了最初的窘迫，进入快速发展期。直到 2006 年，一个更大的危机又一次使我陷入两难的境地。

随着时代的发展，律师行业内的市场规则也在不断发生变化。其中一个最大的改变，就是由 2006 年之前的"认人不认平台"，变成了"认平台不认人"，换句话说，之前人们找律师更看重律师的个人能力，只要律师业务好，市场认可度就高。但在 2006 年之后，市场开始走上招投标之路，即使一个律师的个人能力再好，客户在选择时也要看你的平台有多大，否则你连上场的资格都没有。由于我们那几年一直秉承着稳健的管理策略，律所的规模始终维持在 30 多人，虽然我们律所某些领域的业务能力属于行业顶尖，但因为律所规模小，导致我们在一些大的项目中竞争不过某些大平台，这让我受到了很大打击，也开始思考未来的应对之法。

没过多久，我带着这一问题参加了律师行业内组织的"律师事务所发展论坛"研讨会。会议的议题正是律所发展规模大比较好，还是"精品所"比较好；发展中是"筑巢引凤还是引凤筑巢？"并以此展开讨论。会议结束后，我的想法也发生了很大改变：时代变化了，就必须与时俱进。我不能再只满足于"过好自己的小日子"就知足的原始阶段，而需要将平台做大，有一个比较大的飞跃。

一般来说，将平台做大的方法主要有两种，第一种是合并经营，第二种是完全自己投资。从投入与风险的比较来说，肯定是第一种方案最经济，而且已经有不少律所向我抛出了强烈的合作意向，只要我点头，那边的场地、人员，各种条件都是现成的。面对这一巨大诱惑，我和几个合伙人之间也产生了路线分歧，做非诉业务的愿意走合作之路，做诉讼业务的则愿意留在原地。

有些人觉得合并是一个迅速做大做强的好机会，而我却始终心存顾虑。在我看来，两个律所不管关系多好、业务重叠度有多高，都会在企业文化、经营理念上存在巨大差异。就像夫妻组建家庭，如果夫妻三观不合，往后的日子一定会过得鸡飞狗跳。更何况律所业务之间不可避免地存在利益冲突，以后需要妥协与让步的地方势必会越来

活得漂亮

多，连"盈科"的名字都可能会被其他光环所覆盖，成为从属的一部分，这是我最不愿意看到的结果。

综合考虑之下，我还是希望能坚持自己的本心、律所的特色，不愿意走合并之路。随后，我在合伙人会议上宣布了自己的这一决定，并向大家表明立场："合伙人会议决定，在 3 月底，律师自行决定，来去自由，愿意走的就走，不愿意走的就留下。哪怕全走，我也相信我一个人也能把盈科的牌子撑起来。"

之所以这样有底气，不是为了逞一时之快，而是我从自身情况出发，深思熟虑后做出了最终抉择。

当初我在决定成立盈科律所时，曾问过自己几个问题：

（1）我创建盈科律所的目的是什么？

（2）我的核心价值观是什么？

（3）我的最终目标和人生使命是什么？

（4）我是否能够保证，让盈科始终带有我的初心和意志？

这些问题曾经帮助我了解自己的起点，通过寻找这些问题的答案，我走上创业之路，一步步接近梦想中的自己。后来，每当我在这条路上感到迷茫时，这些问题都会重新浮现脑海。不管是律所成立前期的坚持，还是应对发展期的危机，通过重新复盘这些问题的答案，总能让我的思绪瞬间清明。

因为我想要做的是反映合伙人意志、具有人文关怀的盈科，而且是带有创始人初心特色的律所，即使成立律所是为了盈利，我也要坚持有原则、有底线地去赚钱。因此，我在两次困难时期所做出的决定都依从了这一原则。事实证明，我的这些决定确实都将我带到了正确的轨道上，不仅让我在成立之初避免因盲目扩张陷入混乱经营的乱象，也让我在后续飞跃之时没有因被诱惑而放弃自我意志。

也正是因为盈科律所成立第五年时的重组，我们的合伙人队伍增加了一部分新人，走了一部分"老人"，值得庆幸的是"盈科"的牌子还在，而且赋予它的内涵更高。后来，这也成了盈科直到现在一直坚持的企业文化——不管发展到什么阶段，律所的最大特点始终是"只吸收，不合并"，说得通俗一点就是：只要人，不要所。对律所更名和停业，我有一票否决权。正因如此，我们才始终保持着自己独立的特性，这才有了后来的"盈科而后进，放乎四海"。

活得漂亮

站在成长与发展的分叉路口，我们不仅要知道自己有什么，更要明确知道自己想要什么。

如果你觉得自己走得太累，有了放弃的想法，不妨回过头去，想一想自己为何出发。尤其当你内心的声音与外界发生强烈碰撞时，更要保持绝对冷静，不要因为外界的诱惑而轻易动摇内心的想法。

因为即使你做出了更符合利益方面的考虑，但如果这一选择与你内心真正的想法背道而驰，它就会像一根卡在嗓子里的鱼刺，成为一处时时刻刻、日日夜夜折磨你的隐疾，阻止你在走向卓越的路上获得真正的幸福感和满足感。为了避免这种情况出现，我们不如在刚开始时就杜绝掉这种可能，花时间去提问、去思考，回归初心，不忘本真。只有这样，才能在变大、变强的路上，找到自己真正的心之归属。

5. 参与规则制定，把实践经验体现在规则中

最近几年，"内卷"一词成为频频出现在人们口头的热

词，并迅速蔓延到各行各业，几乎所有人都被席卷其中，尤其是刚刚踏入社会，还没有站稳脚跟的年轻人，刚刚想伸手触碰这个世界的真相，就被一股无形的作用力裹挟着开启了互相倾轧的"竞争"模式。

我之所以会在这里将"竞争"打上引号，是因为这种"竞争"与我们一般意义上所理解的良性竞争有着本质不同。如果说正常竞争所带来的是方式的创新、效率的优化，以及个人能力的提高，那么，发生在内卷模式下的"竞争"带来的却是充满内耗的双输局面——在资源有限的前提之下，即使暂时在一场"竞争"中胜出，靠压榨自己获得了一小块生存空间，也还要继续面临下一场、下下一场残酷的生存角逐，直到你再也无法收割自己，被逼退场为止。

用一句话来概括，正常情况下的竞争会将我们引向彼岸，内卷下的"竞争"却会将我们引向绝境。难道就没有什么办法可以逃脱这种既定的结局吗？很遗憾，这种内卷模式的可怕之处就在于，即使人们认识到了这一模式的不可持续，依然只能在清醒中沉沦，就像在一台高速运转的洗衣机中，所有的衣服都扭曲纠缠地卷在一起，即便想从这个旋涡里逃出，也只能在外部不可抗力的压迫下，沿着

活得漂亮

既定的方向疯狂旋转。

　　讲到这里，可能已经有人想到了这一模式的破解办法。没错，唯一能让人从内卷模式中跳脱出来的方法，就是把"洗衣机"关掉，从一个规则的服从者变成那个"操控机器"、参与制定规则的人。

　　这一方法可以说是突破内卷诅咒的最佳路径，代表的是一种强者思维，作为这种思维开始建立的前提，我们一定要从心底明确一个认知，即：每个人都有可能成为规则的制定者，这种权利与实力无关，而是一种思维上的转变和创新。即使刚开始时你拥有的权限很小，并不能使这个世界有多么大的改变，但只要拥有这种认知，就像开启了一扇新世界的大门，会带给你截然不同的生命体验。

　　社会中规则无处不在。上学有学校的规矩，工作有单位里的规矩，回家还有家庭的规矩……这也是很多人对人生感到失望却始终无法突破的原因之一，因为他们从小到大，已经习惯了在一条又一条规则之下发展自己的人生。这些规则是社会运行的基本前提，却于成长发展无益。尤其是在职场中，一旦被这种思想束缚，就像按照固定套路去玩一款固定的游戏，不管你的技术多么熟练，但始终囿于游戏制作者的框架之中，久而久之，当你在无限的服从中将自己的热情耗尽，你以为只要这样就能熬出头，最后却发现自己已经像被蒙上眼睛的驴子，再无摆脱困境的可能。

一直以来，不管是在职场还是生活中，我都将自己定位为一个跳脱于规则之外的人。这里所说的跳脱，并不是不守规矩、我行我素，而是在底线之内，尽可能尝试用自己的意志去改变外部环境，而不是反过来让环境改变自己。

我印象最深刻的是在司法局的那些年，因为工作性质的关系，很多工作并没有给我自己留有多少发挥的空间，完全按照已经固定的程序严格执行，就可以按部就班地完成任务，但这种做事方法显然无法让我达到心理上的满足。那段时间，除了学习律师从业的相关知识，有几个问题总是在我的心头徘徊："我还能做些什么？""我能够创造什么？""我能不能利用自己的优势对现有局面进行优化升级？"

当时，我并没有意识到这种思维会给我带来什么样的结果，只是一直遵循这样的办事方法，把每个交到我手上的任务，都以一种更完美、更高效的方式解决，做成可供别人学习参考的榜样案例。

后来，随着对自我认识的逐渐清晰，我也慢慢地意识到，在我的内心深处，一直在工作中怀有一种参与规则制定的欲望，不甘心于只是服从指令去做事，这也是我坚决要创建盈科的原因之一：我想拥有一个能够体现自我意志的载体，可以完全按照我的想法做事，可以让我通过自己的努力，去改变行业现状、推动行业改革、优化行业生态，而不是面对不公时只能在一旁抱怨，束手无策。

对于大部分人来说，他们不是没有改写规则的能力，而是从来没有意识到自己也会拥有制定规则的可能。不要再说"我没有那么大的能力"，或者因为暂时还没有实力就放弃说话的权利，在我看来，一件事你"想不想做"与"能不能做"是截然不同的两种人生态度。

工作这么多年，我见过很多人少年时才华横溢，后来却被生活磨平了棱角、泯然众人，也见过很多人条件一般，却凭借自己的勇气一步步打破"天花板"，实现完美逆袭。即使你现在还没有足够的能量去撬动这个地球，但你可以先从撬动身边的石头开始，试着去扭转认知，从一个规则的服从者变成规则制定的参与者，将这个世界塑造得和你更加适配。

还有一部分人虽然有跳出规则的想法，却不敢轻易行动，因为制定规则这件事听上去难如登天，远不如乖乖服从来得省心省力。其实，这又是一种广泛存在的认知误区。事实上，服从规则要付出的时间与心力，并不会比制定规则少，只要掌握方法，制定规则并没有你想象得那么难。

方法一：转变角色，从"对规则负责"转为对"目标负责"。

举个很简单的例子，面对同样一份工作，有的人是"卷王"思维，每天遵守公司的一切硬性规定，老板让做什么就去做什么，不是在电脑前伏案狂书，就是奔波于各个部门，即使面对工作中的不合理之处，也一律照单抓药，这类人看似会成为最受老板喜欢的完美员工，实际上这类员工却可能是无效工作时间最多的人。因为对规则的盲目服从，使得他们容易"一叶障目，不见森林"，当问题出现时，他们可能宁愿无限度地延长加班时间，也不会去追问一句"这样无效加班的原因到底在哪里？应该如何改进"。

我不喜欢成为这样的员工，也不会以这样的管理思维去管理律所。在盈科，我从来不会觉得"因为我是创始人，所以你们就都要以我为主"。相反，我认为盈科的每一名工作人员都是我的同伴，他们不是在为某个人工作，而是我们一起来完成一项事业。在我看来，不管是工作还是人生，态度都比能力更重要。尤其是在工作当中，如果一个人具备健全稳定的主人翁意识，并拥有强大的自驱动力，能够从自我认知层面扭转认知，将个人目标与组织目标协调一致并愿意为此付出巨大努力，这样的人往往比那些虽然很好管理，但只会盲目服从规则重复无效劳动的人要有价值得多。

比如在招聘助理时，别人都根据简历面试后择优录取，我却并不十分重视简历，而是更重视经历和能力。我会现场对他们进行面试考核，直接让他们分析一份判决书："你觉得这份判决书判得合理吗？""如果由你来处理，你希望是上诉还是不上诉，上诉有哪几点理由，你是怎么考虑的？"我之所以会提出这样的问题，一是想看他们做事时的思维方式，二是观察他们对工作事务的自主程度。如果一个人只会照本宣科，即使他的简历再漂亮，我也不会聘用他。

在平时的工作中，我也会将这种工作态度传递给身边的人，并做到尽可能地放权，给他们更大的决策权和自由度，让他们放手去干。所以，我也能和团队人员打成一片，无论是在律所还是出去参加活动，人们看到我时的第一反应，不是称呼我的职位，而是直呼我为"郝姐姐"，我觉得这是我非常享受的一种状态。

正如盈科的企业文化所强调的——"诚信、卓越、创新、开放、共享"，在律师这个非常"卷"的行业，我们互为导师，互为支撑，互相学习，互相欣赏，学会为他人鼓掌。所以在盈科的发展中，似乎看不到一点"疲惫"的感觉，大家都在很快乐地"卷"。对于个人来说，这种角色转变带来的结果，不仅是对工作负责，更是对下一阶段的人生负责。

方法二：锻炼创新思维，当"红海"已经呈饱和趋势，主动去寻找和创造新的"蓝海"。

2001 年年底，随着全球化趋势越发明显，中国正式加入 WTO，经济发展潜力得到释放的同时，涉外经济活动体量也在不断增长。面对这一变化，过去的法律服务行业显然已经无法满足在涉外领域的巨大缺口。

面对这一现状，谁能主动出击，谁就能在以后的发展中拥有更多主动权，而这一点也在后来得到了充分验证，涉外法律服务也从那时起就成为盈科律所的明星项目，一直延续到现在。盈科律所诞生于中国加入 WTO 的年代，

活得漂亮

成立后我们就提出了"走出去"的口号，在人员储备上，我们吸收了曾在英国律所工作过的律师 ADG。盈科律所成立后的第二年，合伙人就参加了国际律师协会在南非德班召开的年会，在会上介绍了中国的投资环境，介绍了盈科律所。我们还参加了全球律协的专业委员会，成为各委员会的会员。

从个人成长的角度来说，不断寻找创新方法，是解决问题和跳出内卷的秘密武器。当然，这里所说的创新并不一定非要去寻找一片完全无人染指的真空地带，也不是对之前经验的彻底颠覆。事实上，对既有状况的整合、改变，以及对自身潜力的挖掘，都算是不同程度的创新，可以帮助你在你所圈定的领域里拥有制定规则的权利。

如果运用以上方法，仍然无法在自己熟悉的领域找到可以跳出既有规则的契机，不妨停下来检视一下，自己是否已经陷入严重的信息茧房？是否缺乏改变现状的勇气？试着让自己从重复、机械的行走中停下脚步，摘掉那片覆盖在眼前的叶子，试着从多角度、多维度重新审视自己，才能打破存量竞争的恶性循环，进入由你主宰的新天地，在生命中创造无限可能。

▼

第 三 章

超越的勇气

▼

我可以，我能行

超越

1. 建立信心，一切皆有可能

　　因为工作的关系，每天都会有很多人来信或找我当面咨询。其中大部分人是咨询关于法律方面的问题，也有相当一部分人是在人生、职场等方面遭遇一些困惑，想听听我这个过来人的建议。

　　虽然我并不觉得自己可以说出什么金玉良言，但被问得次数多了，我也可以理解人们在迷茫中想要寻找一个笃定答案的迫切心情。得益于丰富的人生经历，我对很多人在成长路上踩到的坑、很多人没有遇到的坎儿，都曾经有过挣扎和思考；能把这些或成功或失败的经历分享出来，也许能够给年轻的人们带来一些独特的灵感启发，从而在面对未来时少一些犹疑踌躇，多一些自信和果断。

　　我之所以会特意强调"自信"在成长中的重要价值，

是因为在我看来这是年轻人最不应该缺少的生命能量。

那种肆意张扬的青春和活力，那种"虽千万人吾往矣"的大无畏冒险精神，竟然成为当下的一种稀缺品。究其原因，可能有来自社交媒体的压力。当你想做一件什么事时，总能看见有人已经成功，有人比你做得更好，这些他人特意呈现出来的光鲜生活，常常会给看客造成一种心理上的错觉，认为自己永远达不到，从而引发自我怀疑。还有可能是过往的失败经历，家庭与社会的压力，以及社会经验与实践经验的缺乏等，导致年轻人在成长过程中无法建立起对自我能力和价值的强势认同，转而将自己的潜力与锋芒隐藏起来，无法展现自己的真正实力，实在是太可惜了！

因为害怕承担独自抉择的结果，尤其当自己的目标与别人的相悖时，很多人冒出的第一个想法通常是"我行吗？""我能成功吗？""我这种想法是不是太奇怪了？"相对于"随大流"所带来的从众安全感，独自走在一条人迹罕至的小道上，确实容易感到一些胆怯。但是，跟随大家的选择就一定会是正确的吗？

从事律师行业 40 年来，我一直坚持与时俱进、一专多能的专业方向，深耕于民商事领域，尤其是婚姻家事专业，取得了一些成绩，也吸引了很多外界的关注。很多律师曾问我，当时为什么会选择民商事领域尤其是婚姻家事专业领域作为自己的主攻方向，我也做出了回答。但很多人不知道的是，当我做出这一决定的时候，遭遇了很多人的质疑和不解。

从行业状况来说，如今人们习惯看到的律师行业都是"术业有专攻"，行业细分非常彻底，但对于我们这批初代律师来说，在当时那个年代，关于律师行业的领域细分远没有如今这么完备，几乎每个人拉出去都是"万金油"式的全科律师。为什么会出现这样的状况呢？这还要从我国的法治建设推进说起。

我国的律师行业刚刚建立时，各项法律法规很不完善，最初只有婚姻法、继承法、刑法、民法，纠纷没有现在多，而且很多问题在单位就能解决，所以没有要求律师对专业进行细分。后来，虽然随着时间的推移，公司法、知识产权法、行政法等不断颁布，便形成了我们那代独有的"万金油"式律师。

当然，我们国家的法治建设发展到现在，已经拥有了303部法律、上千部法规，"万金油"式的律师形式早已退出历史舞台，取而代之的，便是如今在某一个领域深耕的专科律师。

也正是因为这段历史背景的存在，在我们那个年代，很少有人会专攻某一个领域的诉讼。我的领域就更加广泛了，不仅做知识产权、法律顾问是我的强项，我还坚持在刑事领域代理高官犯罪和经济犯罪类案件，这些在法律上来说都是连贯的、触类旁通的，做起来并不难，而且我都做到了风生水起。

在作为律管处业务指导科的负责人时，我的主要工作除了对全市律师进行业务指导，还要负责对全市大案、名案、有影响案件的把关，所以有机会在经济案件、刑事案件、法律顾问方面做更多的尝试。1996年，我作为光明日报社的法律顾问，在知识产权领域也做得如鱼得水，处理过很多知名案件，如《孙敬修故事大全》一书的著作权纠纷案、黑豹乐队音乐著作权侵权案等。可以说，决定在业务领域有所侧重之前，婚姻家事绝不能说是我的强项。之所以要将这一传统业务变成自己的主攻方向，还要从1995年说起。

1995年，第四次世界妇女大会在北京召开，15 000多人参加了政府级会议，还有30 000人参加了非政府组织妇女论坛。会上《北京宣言》与《行动纲领》的顺利通过，不仅让我看到了各国英姿飒爽的女性领导人为消灭贫困、制止战争、制止对妇女实施家庭暴力、争取性别平等而奋斗的决心和努力，也让我关注到中国妇女问题亟待解决的严峻形势。正是通过这次会议，我几乎是在内心震动的瞬间，就做出了投身到世界妇女权益保护的事业中并为其奉献一生的决定。

1996 年，中央电视台法制节目改版，我受邀参与节目制作，担任一档名为《是非公断》节目的主持人。由于当时的选题中较易被老百姓接受的是婚姻家事类案件，所以我开始接触到各种婚姻类的纠纷。由于节目影响力大，我也成了当时的"名人"、婚姻继承领域的专家。为了不"拧巴"，我也就顺势开启了向婚姻家事领域的转型之路。

看到我的这一想法并不是说说而已，有人就开始给我泼冷水，说"婚姻家事都是婆婆妈妈的事，吃力不讨好""婚姻家事案件，成就不了大律师""你转型做这个属于大材小用"……其实，持这些观点的人并不是在故意打击我，而是当时社会经济的现实情况。但我对自己的决定非常有信心，并且非常笃定地回应："随着中国的对外开放和市场经济的不断繁荣，今日的婚姻案件可不比以前。如果你做过了婚姻家事案件，你一定不会认为它是小案子。"

这句话并不只是说说而已，而是确有其事。当初很多人之所以将婚姻家事案件看作小案子，是因为当时人们的生活水平普遍较低，没有什么家庭财产，没有房，没有车，官司打的都是烦琐家事。但后来随着社会的飞速发展，婚姻案件变成了一个外壳，就像一所房子一样，里面不仅涉及情感纠纷，还涉及公司股权、股票、有价证券、不动产和无形资产、生育子女的科技化，还有婚姻主体多元化等，导致程序复杂、婚姻关系复杂、财产分割复杂、子女抚养更复杂，每一个案子都会横跨好几个领域，对律师的业务水平及含金量的要求也变得非常高，所以面对这一事实和业务特点，结合自己的切身体会，我在行业内大声地喊出来："婚姻家事案件同样能成就大律师！"

可能是性格中比较倔强的那部分基因作祟，那些不和谐的声音非但没有让当时的我产生退却的念头，反而让我的心中升起一股豪气。外界越不看好，我越是对自己有信心，我相信凭借自己的能力，一定能在这个领域做到最好，做出我自己的特色，由我一个人的好，变成一个领域的好，继而带着一群人一起好；一定能在这片大家都不屑一顾的贫瘠土地上，种出一朵娇艳的玫瑰！

对于大部分人来说，当面临道路选择时，跟随大众无疑是一个比较安全的选择。这种安全感的最大体现就是，即使路线出现错误，你也不用为自己的选择自责，而只需"甩锅"给外界——"反正又不是我一个人"。然而，这条看上去最安全的道路，未必是最正确的，更未必是最适合你的。

如果仅仅因为迫于外界环境的影响，不敢去表达自己的真正意愿，更不敢相信自己拥有逆转局势的能力，进而收敛起自己的锋芒，表现出符合公众舆论以及大多数人选择的行为方式，不仅是对自己当下人生的一种背叛，更有可能将这种遗憾留在你以后漫长生活中的每一天。

一个很简单的道理：有信心才有未来。如果你自己都不相信有成功的可能，还有谁会相信呢？如果说每个人的人生中都存在一个按钮，可以让我们拥有超越自己的能量，将自己从芸芸众生中拣选出来，染上独一无二的色彩，那么，这个按钮上写着的名称一定是"信心"二字。毕竟，告诉自己"我可以！""我能行"并有勇气去创造专属于自己的道路，也许会面对失败的可能，但如果连这份信心都没有，那结局一定是失败的。

正是心里揣着这股劲儿，我义无反顾地将自己投身到了婚姻家事类案件的汪洋大海中。我不仅对自己有信心，更对这个方向有十足的信心：未来我们一定能携手共进，真正为维护妇女权益奉献自己的一份力量。

1996 年，为了让更多的人加入到维护妇女权益的事业中来，把一个人的行动变成一群人的行动，我率先在北京律师协会成立了婚姻家事专业委员会，并亲自担任主任，带领一群人用专业技能开启了妇女维权之路，与妇联合作建立了法律咨询室，开通维权热线，进行普法宣传。

此后，我还积极呼吁全国律协设立婚姻家事专业委员会，在 2005 年全国首届婚姻家事业务研讨会上，我介绍了北京经验，也呼吁各省市成立婚姻家庭法专业委员会，第一个喊出了"婚姻家事案件同样成就大律师"的口号。在大家的努力下，各省市纷纷建立了婚姻家庭专业委员会，婚姻家庭专业委员会越做越大，人员越来越多，领域越来越广。第九届全国律协也专门设立了婚姻家庭法专业委员会。我们用实际行动搭建了一支专门维护妇女权益的专业的家事律师队伍。

同时，作为中国法学会婚姻家庭法学研究会的理事，在有了一定的影响力之后，我的行动就不再仅停留在简单的案件代理层面，而是开始参与相关典型案例的讨论和立法、相关司法解释的制定，在维护妇女权益的平台上发声呼吁。

比如，我曾先后参与了《中华人民共和国婚姻法》《中华人民共和国物权法》《中华人民共和国妇女权益保障法》《中华人民共和国民法典》婚姻家庭篇的立法讨论；参与了"十一五""十二五""十三五""十四五"《中国妇女发展纲要》和《中国儿童发展纲要》及两个纲要实施细则的讨论。作为北京市政策法规性别平等评估委员会专家委员，专门研究如何在立法中体现男女平等的原则，制定评估标准，从立法源头把关，有力地推动了立法中"男女平等"基本国策的体现。同时，我还和他人共同策划了每年一届的《婚姻家庭法实务论坛》，今年（2024年）已经是第十届了，研讨婚姻家事业务的新动向、新问题，并积极向有关部门提出解决建议，有力地推动了相关立法和司法解释的出台。

近30年来，我从未忘记自己当初的承诺——投身到世界妇女权益保护的事业中去，并为其奉献一生。如今，我仍然没有停下前进的脚步，不仅通过宣传法律、参与立法，从源头呼吁性别平等，还坚持办理业务，通过写书出书、代理个案、开通短视频直播等，在维护妇女权益的进程中不断推陈出新。我带领的专业委员会两次都被评为最佳专业委员会，我个人也获得了最佳专业委员会主任的荣誉。

如今，随着法律的不断完善，从事这一领域的律师越来越多、越来越优秀，而且还涌现了专业的婚姻家事律师事务所，曾经的那些"婚姻家事都是小案子""婚姻家事出不了大律师"等说法，早已成了无人提及的历史笑谈。每每在听到大家的赞扬之时，我也会感谢当初的自己。在这个过程中，我通过自己的实际行动再次证明了一个道理：有志者，事竟成。

　　一个人要想取得超越其他人的成就，一定有三个因素不可或缺。第一，相信自己能够获得成功，也就是我们常说的自信；第二，要有对成功以及改变的渴望，也就是我们常说的雄心；第三，要有奔赴目标的实际行动，也就是我们常说的努力。以上三个因素缺一不可，其中，信心是能够开始一件事的前提，也是能够坚持完成一件事的心理保障。

　　只有自己有坚强的意志，敢于成为自己的主人，勇于承担自己的责任，勇于为自己的选择负责，我们才会迸发出自己的能量，让人生通过自己的双手来产生变化，将不可能完成之事化为可能。相反，如果看不清自身在成长中的决定性作用，将未来寄托于他人，就会因失去奋斗的主体性，从而让成功迷失在自我否定之中。

　　　　　　　　　　　　　　　　　　　　　　　　活得漂亮

2. 培养"站到舞台中央"的心态

中国人有一句老话，叫"酒香不怕巷子深"，这句话与西方谚语"是金子总会发光的"有着异曲同工之妙，有这种想法的人，往往在面对可以展示的机会时，表现出躲避、退让的消极姿态，转而采取一种被动等待的方式，希望别人主动发现自己的存在。

然而，很多人都没有发现，在这两句看似低调、谦卑的谚语之中，其实还有另一层意思存在：如果一个人的才能始终没有得到时间的证明，没有等来那个发光的时刻，那么唯一的原因就是你这坛酒不够香，你这块金子不够亮，甚至很有可能是一块冒充金子的顽石！

很多人正是在这种观念的引导之下，默认了命运对于自己的无视，放弃了展示自己的可能，甚至将展示自己当成了自我推销而感到不好意思、羞于启齿。然而，他们似乎忘了一件事情：美酒和金子可以不受时间的限制，一百年一千年地等下去，但人的"花期"是有限的，当机会来敲门时，并不会主动提前给你打招呼，如果你始终默默秉承着坚定的信念，有什么要求从不表达，有什么才能也从不表现，最终的结果，只会是在一次次错过中蹉跎了人生中最好的时光。

所以，不管是求学还是从业，我一直不吝于展示自己。影响力同样是一种稀缺资源，可以给我们的人生带来更大的能量。在我看来，酒香重要，走出巷子同样重要；把金子放进土里，可能会发出一丝光，但如果放在太阳底下，它的光彩会更加夺目。

尤其是在竞争如此激烈的现代社会，不仅各种商品同质化严重，就连优秀人才的特征也像从流水线上生产出来的那样千篇一律，要想从众多相似的面孔中脱颖而出，就要善于展示你独特的价值，最重要的是要勇敢地登上舞台，学会用正确的方式自信、坚定、恰当地展现和表达自己，这样才能抓住机会、促成飞跃。

那么，如何才能培养出敢于"站到舞台中央"的心态呢？

▶ **第一步，学会登上舞台。**

1993 年后，随着我国改革的步伐日渐加快，报纸、广播、电视等媒体纷纷迎来了发展的春天，中央及地方电视台策划的法律节目也开始频频上档。于是，逐渐有一些节目邀请我去做嘉宾。电视台指定我去做嘉宾，说是因为我的形象更专业，更像律师，看上去很有亲和力。

有这样一个平台能为我提供一个登台亮相的机会，让我可以更好地进行普法宣传，我何乐而不为呢？就这样，从 1994 年开始，我先后被北京电视台《钟鼓楼》《热线律师》等节目聘为特邀嘉宾，在现场解答一些咨询问题。2003 年，我又被邀请到中央电视台《社会经纬》与《经济与法》栏目。

虽然我们做律师这一行，不自夸地说口才都还不错，基本功是有的，但真要面对央视的镜头，接受全国人民的审视，心中还是有些忐忑。我第一次在央视 1000 人的大演播室录节目时，那种强大的心理压力使我感觉小腿都在打哆嗦，对着面前四五个摄像机，眼睛都不知道该往哪里看。

后来，在北京电视台参加的《钟鼓楼》节目，采取的是直播形式，没有剪辑，自己的一言一行会直接通过摄像机传送给千家万户。

不过，既然来了，就没有退缩的道理。通过和现场人员交流，我知道了如何根据指示灯找镜头，知道了如何通过镜头与观众互动，如何将专业知识用通俗易懂的语言讲得妙趣横生，逐渐找到了一些在镜头前说话的感觉，也开启了一段我人生中非常精彩的荧幕生涯。

　　人生就是一个大舞台，要想得到一个被看到的机会，就必须摒弃被动等待的行为模式，拥有站上舞台中央的决心。不要犹豫，更无须妄自菲薄，将你本有的优势大大方方、直截了当地展现出来，不要担心自己是不是不够资格、是不是无法胜任，因为当这个机会给到你的那一刻，就已经证明了你足够优秀，而你要做的事，就是当舞台出现、该你登场的时候，毫不犹豫地勇敢迈向人生的主场。

▶ **第二步，学会精彩亮相。**

　　能够走出自己的舒适区，克服阻碍登上舞台，并不是成长的终点，接下来你要做的，就是尽可能留在舞台中央。否则，即使你有了登上舞台的机会，但没有给人留下深刻印象，也不过是可有可无的路人甲。要想达到让人眼前一亮的精彩效果，除了以实力为后盾，还要从形象上、心理上都建立起身为主角的气场。

　　登上电视台与登上报纸、广播的最大不同之处，就在于观众可以直观地看到你的一言一行、一颦一笑，甚至在你讲话之前，仅凭你展现的形象，就可以立即在观众心中形成"可信"或"不可信"的第一印象。作为出现在荧幕前的女律师代表，我的形象不仅是个人魅力的一种外在表现，更代表了女律师的一种时代风貌。

因此，为了达到更好的节目效果，让观众在看到我的第一眼就眼前一亮，我特意给自己定了几条上镜原则，即形象要专业、态度要鲜明、语言要生动、姿态要落落大方。我心里很清楚，我要的并不只是完成任务，而是真正能够从观众的眼里走到观众的心里，这样才算是一次完美的亮相。

事实证明，我的努力没有白费。随着节目的播出，人们逐渐记住了那个短头发、职业装，讲案子时言辞犀利、分析案情时脸上又总是挂着笑容的"郝律师"。直到我告别主持人的角色后很久，还经常有人在路上叫出我的名字。很多员工在加入盈科后见到我的第一句话就是："郝律师，我终于见到您本人了，我是看着您的节目长大的，您的形象就是我心目中完美律师的样子。"

可能有人会觉得，自己的职业不需要抛头露面，更可能这辈子都不会有上电视亮相的机会，是不是就不用做形象管理了？不，恰恰相反，越是普通的职业，越要做好形象管理，这样达到的效果也会更精彩。这种管理应该成为你的一种习惯，因为你不知道生命中的"舞台"什么时候会出现。所以，我希望所有人都能达到这样一种状态：当轮到你上场亮相时，你可以大声地向众人宣布："我已经准备好了！"

平时在生活中，我也非常注重着装管理，倒不一定要追求多么大牌、多么贵，而是有两点基本要求。一是一定要符合我的年龄。虽然我在服装款式的选择上非常大胆、敢穿，什么颜色都敢驾驭，但前提是一定要符合自己的身份、年龄以及职业定位。二是出席各种场合，一定要在合理范围内建立自己的独特风格，不仅可以让别人更快地发现和关注自己，达到传播效应，还能用最小的成本建立起个人品牌化标签，提高与他人沟通的效率，从而比别人更早获得有利于自我成长的机会。

一个人的品格是由各种特质构成的，正是这些特质使你与众不同。你的处世态度、个性、气质风度，以及你的思想，都属于你的特质，表明着你的身份。同理，你的穿戴着装、你与人握手的方式，还有你的面部表情，也同样彰显着你的个性。

▶ **第三步，永远不要怯场。**

试着回想一下，当你习惯于隐藏在灯光照不到的角落，甚至刻意回避偶尔扫射过来的目光，即使已经积攒了足够的实力，心里一直有一个声音说"试一试吧！""让别人看到自己的努力吧！"，但始终因为心里惧怕，在临门一脚时败下阵来。不敢成为舞台的焦点时，你到底在害怕什么？

可能是因为自卑心理作祟，导致自我怀疑；也可能是因为缺乏技巧，甚至怕自己在众人面前出丑，所以宁愿不做也不愿做错。在我看来，以上所有顾虑都可以浓缩成一句话，那就是：惧怕被审视。正所谓"木秀于林，风必摧之；堆出于岸，流必湍之；行高于人，众必非之"，一个站在高台之上的人，一个站在聚光灯下的人，总是会比隐藏在人群之中要迎接更多目光的凝视，也会遭到更多的质疑和批评。这是每个选择从人群中走出、寻找自己舞台的人都要经受的心理考验。

1995 年，在做了一段时间的特约嘉宾后，因为反响较好，1996 年我被中央电视台《社会经纬》节目聘为特邀主持人，开始主持一档时长 14 分钟的《是非公断》节目。虽然已经适应了镜头前的工作，但自己单独挑起一个节目与做嘉宾可是完全不同的概念。你的一言一行、一举一动都会通过镜头被放大几倍、几十倍去呈现在观众的眼前，接受亿万观众的审视（当时法制节目很少，收看的人很多）。

当时虽然没有网络，但观众的热情空前。节目播出之后，观众的信件像雪片般飞到中央电视台，仅一星期收到的来信就装了10麻袋。我和同事们一起，一边看信，一边答观众问，然而越看我越心惊。这些信里的内容五花八门，有夸节目办得好、喜欢我的，各种溢美之词可以把我夸上天；也有不喜欢我的，各种批评甚至谩骂又可以把我贬到地底。有些词句令我至今还历历在目——"这个节目的主持人应该是炉火纯青的，但这个人的水平显然还没达到应有的水平。"

第一次直面这样的声音，我受到了很大打击，心里也十分委屈。最后，我实在无法接受，直接找到了导演，问道："我能不能不做了？"导演一眼就看出我在为什么事而纠结，当下没有表态，只是从桌上拿起一张纸，交到我的手里，竟然是一张中央电视台栏目评议汇总，里面分别罗列了所有栏目10~12月这3个月的节目收视率，每个栏目后面还附有评议小结和总体意见。我疑惑着一个个地看过去，几乎每个栏目后面都有褒有贬，或多或少存在一些小瑕疵，但在我主持的《是非公断》栏目后面，就只批示了一句话："《是非公断》主持得较成功。"见我没有说话，

活得漂亮

导演才语重心长地说道:"你看看,这是演播室对你的肯定评价。"

正是凭着这句话,我硬着头皮撑过了最初的生涩期,从"难"到克服"难",再到努力地锻炼,节目的口碑越来越好,群众来信越来越多,"郝律师"这一称号也逐渐为人熟知。后来,因为观众们实在太热情了,最后没有办法给大家一一回信,电视台不得不专门做了一期3分钟的节目,叫《郝律师答观众问》,以此感谢大家对我的信任和厚爱。同时,我还在《北京法制报》开设了《郝律师答疑》专栏,并多次接受电台、电视台和专业杂志的采访。

欲戴王冠,必承其重。就像一件事情总有两面性一样,当你选择站在舞台中央时,就要做好接受质疑、接受不公对待的准备,而不是只看到好的一面,而对坏处视而不见。

以上三步,虽然看似简单,但实际做起来却很不容易,这也是为什么人群中只有极少数人能够做到卓越。在这个心路历程中,不仅需要你心态上转变,甚至需要你将过去的自己打碎重塑。然而,只有经历过这样的打磨,不断超越自己,才会使你的光芒更加耀眼,你才能成为众人眼中更加光彩夺目的存在，才能在道路的那头收获一段崭新的人生。

3. 勇气可以被训练，挑战自己拥有不断突破的勇气

在主持《是非公断》一年之后，因为本职工作实在太忙，加上央视一年一度的栏目改版，我选择放下栏目主持人的工作，回归律师业务第一线。在央视做主持人的那段日子，虽然时间不长但那段经历在我的人生中画下了浓墨重彩的一笔。

在这之前，我从来没有想过，原来我也可以在镜头前侃侃而谈，我今天所准备的材料，明天就可以与全国人民一起分享；原来我不仅可以做律师，还可以做主持人，甚至还能叠加更多身份，发挥出更大的能量，影响更多的人。在那时，还没有流行起"跨界"的说法，但这一尝试带给我的全新生命体验，仿佛一把开启我内心潜能的钥匙，让我感受到了生命中可以改变的力量。

没有人是天生的领导者，也没有人生下来就站在舞台

的中心。每个大人物都是从小人物一步一步、一点一滴地修炼而成的。很多时候，之所以会觉得对很多事无能为力，不是因为你生来就没有这样的能力，而是因为你缺少一个唤醒自己的契机，没能掌握释放内在潜能的技巧和方法。简言之，不是你不能，而是你不会，才导致了自己一次又一次地对命运垂下的橄榄枝视而不见。

如果你真的下定决心要打破头顶的天花板，重新将人生的选择权掌握在自己手中，就要有意识地针对自身的弱项进行训练。

首先，主动打破生活的格局，你究竟要成为什么样的人，只有你自己才有发言权。

那段做电视节目主持人的经历给我的改变是显而易见的，虽然经历了一段痛苦的磨合阶段，但它很好地锻炼了我的口才、思维、应变能力及勇气，最重要的是，它给我提供了一个机会，让我可以在一个更大的平台上宣传法律知识、维护妇女权益、点亮百姓自我维权的意识。

从 1995 年接触电视节目开始，我从北京电视台到中央电视台，从 CCTV-1、CCTV-2 到 CCTV-12；从《为您服务》到《经济与法》，从《社会经纬》到《法律讲堂》，从纸媒到视频，从录播到直播，从《离婚争夺战》到《继承风波》，我坚持以律师的身份活跃在荧幕上，在不断锻炼自我的同时，也得到了广大观众的信任与支持，是我第一个把中央电视台 CCTV-12《法律讲堂》的节目收视率推向新高的。为此，2005 年我还被中央电视台评为"普法明星"。直到 2009 年，因精力有限，我才慢慢淡出荧屏。

从律师到电视节目主持人，这次跨界尝试的成功让我信心倍增。同时，也让我重新涌起了继续突破自己的决心。既然已经尝试了用嘴"说"话，那么接下来，我是不是也可以试试用笔"写"作呢？

就这样，利用工作之余的闲暇时间，我陆续写作并出版了《中国律师办案全程实录 婚姻家庭·继承》《婚姻律师以案说法——婚姻家庭》《离婚争夺战》《别怕，会有办法：关键时刻女孩如何保护自己》，还主编了《新型疑难民事业务案件评析》等图书，被婚姻家庭领域视为必读教科书。此外，作为实务界的律师，在结合实践的基础上，我还撰写了《完善我国家庭财产制度》《世界各国反家庭暴力的情况汇总》《法律透视——第三者与家庭和谐》《婚姻登记中的法律问题及防范措施》《离婚财产股权分割中的问题》《婚姻案件中法官释明权的行使》等多篇论文，成为业界"讲而优则写"的典范。

另外，我在北京市朝阳区律协担任副会长分管女律师工作时，不仅与朝阳区妇联一起建立了为妇女儿童服务的"爱心工作室"，与朝阳法院建立了为未成年犯罪被告提供心理帮助的"法律阳光工作室"，还在线下坚持举办普法活动，与妇联"三八维权周"进行联动，送法下乡、进学校、进社区、进军营；到女子监狱为女性服刑人员提供法律帮助；在北京妇联开展的"以案说法"宣讲中第一个走上讲台；在湖南省妇联开展的婚姻法万场宣讲的启动仪式上受邀与律师同行交流婚姻家事案件审理的难点、重点。

我的身影穿梭于不同的舞台，在不断突破、不断挑战新身份的同时，也在法治建设中发挥着一个律师的光和热。

很多时候，人的某些特质不是天生的，而是在外界一次次有意或无意的言论中被强制打上的烙印，比如"女孩子要温柔贤惠，不要那么拼""你没有那种能力，不要好高骛远"等。久而久之，这些言论就会像一道无形的墙一样，遮住你的目光，挡住你的脚步，你的内心也会随着这种外在力量的加强而越来越虚弱，甚至连自己都开始相信在墙的那边有着无数洪水猛兽，还没尝试就退却了。

然而，如果你敢走上前去，试着亲手推一推那面看上去厚重的墙壁，也许就会惊讶地发现，你所谓的害怕不过是众人口中那件"皇帝的新装"，在你喊出真相的那一刻，它就已经消失无踪。

其次，锻炼无惧挑战的勇气，永不拒绝从小事做起，改变生命的轨迹。

我曾经看过一个数据，大意是，在职场当中，有七成左右的职场人不满意当下的工作状态；然而，只有极少数人选择主动改变，而剩下的大部分人则只会在一次次"没机会""没办法"的抱怨中继续着毫无变化的生活。然而，对于大部分人来说，真的是机会没有来敲门吗？

有句话说得好，重复旧的行为只会得到旧的结果。如果你觉得生活中没有机会，只能说明它并不存在于你现有的生活轨迹之内。要想找到你想要的结果，必须不断突破"已知的范围"，进入未知的领域，才有可能摆脱人生的既定模式。

这让我想起了一件小事：全国律协每年都有去国外交流访问的活动，我特别有幸两次受到邀请，一次是去韩国，一次是去日本。或许是因为我有主持节目的经验，在去韩国时，全国律协出访团指定我作为报告人，在当地讲述中国的法治进程；在去日本时，又被指定为婚姻法业务的讲座人，上了日本国律师协会的讲堂，与日本同行交流。能得到这样的机会，除了要感谢全国律协的推荐，也和我在中央电视台的锻炼有很大关系。

偶尔回想一下，如果不是因为当时在中央电视台接受了挑战，我可能就不会特意训练自己的语言能力、演讲能力、应变能力，甚至镜头感的处理、形象上的管理等，也就不会在后续有那么多意想不到的机遇。这就像从一条小路出发，在小路的尽头又延伸出无限的岔路，有些机会只会在你行走到某个关键点位后才会被成功触发，而不会在你上路前就显露出端倪。

看到这里，如果你仍然一直在熟悉的领域里打转，那么停下来吧，去尝试做一些你过去没有做过、不敢去做的事，不断地在尝试新事物、新机会、新方法的过程中，训练突破自我、改变自我的勇气；哪怕只是一个很小的契机，也可能将你带入新的天地。

最后，当你感到力量枯竭时，想清楚自己为何出发。

如果说 1995 年的世界妇女大会开启了我关注女性权益的大门，那么 2005 年在北京召开的世界法律大会则让我不再满足于只做案件代理，而是多管齐下，利用自己的社会影响力，在维护妇女权益的平台上呼吁呐喊。在这个过程中，我力求把每个角色都发挥到极致，无论是起草规章、参与立法，还是宣传法律、承办案件，都在用行动推动着中国的法治建设，践行着从律师到专家的历程。在我看来，律师这个职业很高尚、很光荣，选择了做律师就是选择了付出。

然而，在这个不断向前冲的过程中，也难免有感到力不从心的时刻，每当这时，我都会将自己的目光从一些宏大叙事中收回来，回到律师的本来身份。正如我经常说的，"经验来自实践，管理不能脱离业务"。一个人在低谷时仰望高峰需要勇气，同样，当一个人身在远方感到无力前行时，也要学会回望来处，想清楚自己为何出发，重新找到支撑自己继续前行的勇气。

举个简单的例子，在我作为原告代理律师的婚姻案件中，经常会遇到被告虽为名人、高净值人群，但案件并不顺利，有时原告既找不到被告又分不到财产，对这样的疑难案件，为解决财产执行难、孩子抚养难的问题，我会在程序以外沟通，主动找妇联协助，主动出击，提供线索，协助法院为合法权益受到侵害的妇女寻找多种维权途径。例如，在我作为女方代理律师的一起美籍华人与中国公民的离婚案件中，男方不但隐匿了财产，还使用女方名字设立账户，因涉嫌刑案，导致女方账户被冻结，权益受到侵害。在胜诉后，我没有终止工作，而是继续协助女方找公安、找执行庭，最终为女方拿到了近千万元的财产。

在每个案件中，为了让当事人不仅能感受到法律的公平公正，还能感到温度、人情，我坚持"案结事了"的原则，不只追求胜诉，更要做到化解矛盾，为了给孩子创造良好的成长环境，我常常动员当事人采用协议离婚的方式，让双方达成和解。这样做虽然律师很辛苦，但保证了和谐的父母子女关系，深受当事人的好评。2018 年，为了扩大调解的成果，我还借助多元调解中心的平台，在盈科建立了婚姻家事调解中心，为当事人搭建了更快捷的矛盾解决途径。

正是借助这一个个鲜活的案例，我得以始终保持着充沛的活力，沿着既定的目标勇往直前，从未因身份变化或外界的诱惑而忘记初心。记住：当你走得太远，别忘了为何出发。

4. 寻回勇气，打造女性的独特优势

如果你是一位女性，请回忆一下，在过去的人生当中，你是否曾经因为不够自信而放弃争取某项工作？你是否曾经因为觉得自己能力不够、还没有准备好而错失了某个千载难逢的机会？你是否会主动规避一些需要展示与演讲的场合，不是因为能力不足，而是因为缺乏足够的勇气，不相信自己能够得到大家的掌声？

假设你的回答是肯定的，不用为此感到窘迫，因为这并不是你一个人的问题，而是广泛存在于女性群体中的普遍问题。即使是那些在我看来已经十分优秀，甚至已经做出非常耀眼成绩的女性，也会经常陷入自我怀疑的情绪中，认为自己无法解决目前的困境，无法获得更好的生活，以至于在机会面前畏首畏尾，将自己对生活停滞不前的不满归因于自己的能力不足或技能缺失。但，事实真的如此吗？

在我看来，女性群体不管在什么领域、什么位置，她们站起来是半边天，转起来是万花筒；她们利用自己的女性特点——坚韧、奉献、努力等，不仅在团队建设中起到

了黏合、连接的作用，在家庭和事业方面也较好地处理了各种角色之间的转换，在以下几个方面表现出了无可替代的独特优势。

女性的第一大独特优势是包容。

不管是在传统文化还是现代语境中，人们都习惯用"水"来形容女性。这确实是一个非常贴切的比喻，不过，在我的理解中，"水"的特性并不局限于至柔至顺，更在于其"善利万物而不争"的包容精神。

在我们律所和团队中，女性人数基本与男性人数持平，这也是原因之一。在一个工作团队里，由于人与人之间的能力差异，势必会出现分工上的不同，有人担任红花的角色，就要有人去担任绿叶。有人愿意付出，有人不愿意付出，矛盾便会由此产生。然而，据我观察，由女性担任主导地位的团队，往往会较少出现这一问题，因为她们在协调过程中懂得取舍，对其他人身上的一些小错误，大多数都能够包容，并能协调每一个成员之间的关系，根据各个成员的不同能力分配任务，尽力使团队力量发挥出最大效应。

这种包容在年长女性身上体现得尤为明显。以我自己现在的状态为例，到了我现在这个年纪，我对外界的包容又上升到了一个新的高度。如果说在以前，我还偶尔会因为某人某事计较、生气，现在我则看每个人都像看待孩子一样，即使他们出了错，也在我意料之中，因为他们还年轻，还在容易犯错误的年纪，所以即使出了纰漏，我也经常一笑了之，完全没有要批评他们、讽刺他们的想法。我认为，这种心态可以称之为一种"大爱"。其实，这种"大爱"往往是女性骨子里自带的一种"母性"光环。我身边的很多女律师在做案子时也会这样，她们会以母性视角了解当事人心中的所思所惧，最后找到恰当的处理方案。

女性的第二大独特优势是具有黏合性。

所谓"黏合性"，就是她们不仅能够自己包容、容忍，而且还能用自己独特的人格魅力影响周围的人。这一点很容易理解，只要稍微观察一下就能发现，有女性成员在的地方，大家讨论问题的氛围都会比较和谐。这并不是说男性不好，只能说两种性别的优势不同，各有所长。

相对于男性来说，女性更能用一种"柔性"的态度来处理工作及生活中的突发事件，尤其当矛盾发生时，她们也更善于换位思考，能够根据需要扮演不同的角色与对方进行交流沟通，通过关注对方的感受和情绪来平息争端或解决问题，而不是强硬地要求对方一味服从，从而建立起一种独特的人文关怀，增强了人与人之间的交流黏合。

女性的第三大独特优势是格局与敏感。

从表面意义上来看，这两个词的含义似乎截然相反，但因为它的存在主体是女性，便又呈现出一种十分和谐的共生关系。从性格上来说，女性天生心思缜密，观察力强，会注意到细节问题：在某些特殊时刻，她们甚至可以通过自己强烈的直觉，直接洞察到事件的真相。从思维方式上来说，女性天生所具有的"利他"思维，可以让她们始终以一种长远的眼光去看待问题，争取合作共赢而不是只顾着一个人往前走。从这个角度来说，我认为每个女性都是一个天生的领导者，她们甚至不用成为谁的样子，只需做好自己就可以了。

以上种种优势，都是女性在成长路上的加分项，可以帮助女性获得更多的机会与资源。然而，为何还有那么多女性不会或不敢利用自身优势，去实现自己的人生目标呢？

据一项心理学研究显示，女性出现自我怀疑的概率要远远大于男性，她们更倾向于给自己的表现与未来的能力打出低于事实的评分。从职场中的表现来看，很多女性只有在自己满足所有条件时才会去申请某项工作，而男性只要满足 60% 便会去申请；而从结果来看，后者因为敢于尝试而取得成功的概率显然要大于前者。

事实的真相就是如此。实际上，很多女性欠缺的不是能力，而是勇于直面挑战、相信自己可以克服一切困难的勇气和决心。

因此，每当我看到一些优秀女性面对成长机会畏缩不前，甚至因自己"不够优秀"而陷入焦虑时，我都会忍不住告诉她们："你很好！勇敢去做吧，我相信你能行！"后来的结果也充分证明，有很多人真的因为这一句话的鼓励，勇敢地迈出了改变人生的第一步，并因此改变了自己一生的命运。

那么，如何明确自身的优势项目，在走向卓越的道路上扬长避短呢？

首先，我建议大家将自己的优势与劣势在纸上罗列出来，而不是停留在头脑想象中。比如：我的优势项目是什么？我需要规避的不足之处是什么？我应该选择什么样的职业才能发挥自己的优势、规避劣势？我对未来的长远规划是什么？等等。不管你现在处于人生的什么阶段，都不要用"玩玩"的心态来应付自己，而要全情投入、眼光放

　　　　　　　　　　　　　　　活得漂亮

长远，这样才能充分利用好自己的优势，持续打造自身品牌。

其次，勇敢地采取行动。关于勇气与信心的关系，很多人搞错了二者发生的逻辑关系。实际上，并不是积攒了足够的信心，才能有勇气去采取行动，而是当你勇敢地采取行动后，信心就会逐步建立。所以，当你再次因为缺乏信心而不敢尝试时，试着将思考的重心放在提升勇气而非提升信心上，并且告诉自己，即使自己仍然感到恐惧和自卑，也并不妨碍你在拥有这些情绪的同时继续努力奔跑。

无论你尝试改变的勇气有多小，也不要放过它。试着将你的想法从头脑中释放到现实中，你的每一次实践，甚至每一次失败，都会成为帮助你增长力量的一分子。当你真的如此做了，也许会惊讶地发现，这种勇气不只体现在工作方面，也会渗透到生活的各个方面，而你也会在这一过程中一点一点地抓住对自我、对生活、对未来的掌控权，将濒临失控的生活重新归位。

再次，不要太在意他人对你的评价，因为这是最不重要的。日本作家渡边淳一写的一本书叫《钝感力》，书里讲的所谓"钝感"，就是一种排除周围干扰、勇往直前的态度。如果你过度敏感而经常陷入无谓的内耗，你可以试着对周围的气氛"钝"一点，对外界的眼光"钝"一点，对别人的批评"钝"一点，去做你认为正确的事、对自己有益的事；在做出选择和决定时摒弃外界的声音，从自身意志出发。多多练习几次，相信你内心力量的回归速度也会越来越快。

不用怀疑，每一位女性身上，都蕴藏着等待发掘的巨大能量。如今，我们国家也非常重视这方面的问题，尤其在立法上，还专门设立了一个机构——政策法规性别评估委员会，致力于从立法源头保障男女平等。应该说，从日常看，在我们国家，男女已经拥有了平等的权益，然而，这并不意味着我们的社会、我们的职场就不存在这类问题了。比如有些岗位在录用中仍然重男轻女，尤其在各个组织的高层，女性的声音还是少了些。不过，这些并不能成为女性放弃自己、放弃成长的理由。

最后，希望每一位寻求成长、寻求改变的女性朋友，都能不被现状和性别左右，都能够发现自己的独特优势，并在此基础上找到高回报的精准发力点。就像我的座右铭：人的一生不一定伟大，但一定要崇高；人的一生不一定要辉煌，但一定要精彩。我们要用活力与魅力走出自己的精彩人生。在此以这句话与每一位女性朋友共勉。

活得漂亮

5. 思想升级，实现快速突围

　　当一个人设想的未来图景从一片可以创造出任何奇迹的星辰大海，变成一条可以一眼望到头的狭窄通道时，自然会丧失奋斗与创造的激情，也就谈不上积极成长、改变命运、活得漂亮了。

　　很多年轻人认为再挣扎也无法摆脱既定的命运，因此选择了一种消极应对的态度，言下之意是："既然人生的剧本已经写好，何必还要自讨苦吃？"我印象很深的一件事，是在一次与青年们面对面交流的场合中，一位年轻人曾略带沮丧地表示，如今"阶层固化"的现象愈发严重，寒门再难出贵子。那些"60后""70后"曾经可以轻易创造的财富传奇，已经无法在当今时代被复制，现在留给年轻人的上升通道越来越少，所以才会有那么多的年轻人在最该奋斗的年纪选择躺平认命，甚至连一点点尝试改变、超越的想法都被扼杀在摇篮之中。

　　说实话，第一次听到这一说法时，我是十分震惊的。等回过神来，我又觉得非常惋惜。虽然我能够理解他所说的年轻人的真实焦虑，但在他的这段话中，却有几个需要纠正的明显的观念错误。

首先，是关于"阶层固化"这一概念。我认为，所谓"固化"的现象其实并不存在。之所以很多人会产生这一错觉，一方面是觉得现在"优秀"的门槛越来越高、机会越来越少；另一方面则是因为社会资源分配的不合理：有些人需要披荆斩棘才能到达"罗马"，但有些人一出生就在"罗马"。这种差距在网络的镜头下被无情地摊开、对比，确实会让人产生一种"即使再努力也无法改变现实"的绝望之感，以致产生了一种命运已经被"固化"的念头，并因此放弃了扭转人生的主动权。

关于后者，我并不想否认这种不公平现象的存在，但这种差异的存在，只能说明一个人的出生环境和资源条件会对其发展产生一定程度的影响，但不能直接预设结局，更不能成为我们放弃努力的理由。就像两个人在赛跑，具有天生优势的人可能会在赛道前段跑得比较轻松，但人生不是百米赛跑，而是一场漫长的马拉松，你的个人意志、毅力、主观能动性等，都可以帮助你突破个人发展的天花板，实现后来居上，直至更早到达终点。

接下来，我们再来说说机会。与现在的年轻人相比，我们这一代人的职业与道路选择真的是更广泛、更轻松

　　　　　　　　　　　　　活得漂亮

吗？我认为并非如此。不管是时代的包容度、自由度、创新度还是信息传播的广度、深度，过去都无法与现在相提并论，我甚至时常会特别羡慕现在的年轻人，因为在我看来，你们所在的时代太好了，可以选择的机会太多了，只要你头脑中有了什么想法，就可以第一时间去学习、去尝试，这在过去是想都不敢想的。

比如说学会计这件事，我当时开始学习的时候已经40岁了，但我从没有想过"我40岁了学会计还有什么用"，而是觉得"哪怕我学10年，等我50岁了也能再掌握一门技能了"。事实证明，我根本没有用到10年，而这一技能也真的给我带来了新的眼界和机会。而且自己在办案中也能看懂各种报表了。不管是自己摸索着学习如何做律师还是自学会计，我生命中的很多关键转折，都是从学习中获得的，这也使我养成了终身学习的习惯。

不过，遗憾的是，近些年因为年纪、资历等客观因素，即便我自己愿意往前冲，留给我的探索空间也越来越小。比如我去参加某个感兴趣的项目培训，本来很正常的一件事，但我往台下一坐，台上的老师就不敢讲了，甚至直接下来迎接我，说："您怎么来了？您应该在上面讲啊！怎么能在台下坐着呢？"结果，他在台上讲着别扭，我在台下听着也别扭，去过一次之后我就不去"捣乱"了，转而在网上找个网课，换个方式学习。

所以我特别羡慕现在的年轻人，你们处在这样一个日新月异的时代，有这么多的学习途径，有这么多的行业选择机会，最重要的是，你们还有那么多的精力、那么多的空间去通过学习、行动来填充自己，去拥抱生活带给你们的无限可能，这是多么宝贵啊！

其次，关于很多人热议的"上升通道消失"。不管在什么时代，都有很多人依靠自己的能力实现阶层跃迁，机会是永远都有的，从来没有"消失"一说。为什么很多人会产生"机会消失""抓不住机会"的错觉呢？我认为主要有以下两方面的原因。

第一，机会在不同时代所呈现的面貌不尽相同。古往今来，社会变化的发展路径从来不是线性的，而是呈螺旋上升的趋势。每个时代面对的层面不一样，机会呈现的面貌也不一样，需要我们具备超凡的眼光，才能将其从繁杂的信息中识别出来。

第二，当机会出现时，还要看你能不能找到正确的切入点。比如我们过去的普法目的，是让人们知道什么是"法"，知道遇到问题可以找律师；而发展到今天，我们普法的重点是：全民学法、依法办事、科学立法、严格执法。两者的需求量是不一样的，由此产生的机会也会呈现出很大的不同。

由此可见，如今令很多人迷茫的目标问题、阶层跃迁问题，其根本原因并不是因为上升的通道被彻底堵死了、机会消失了。如果说真的存在一个阻止你向外、向上攀登的绊脚石，那么，唯一被禁锢、被固化的也只是你自己的头脑和思维。

最后，既然机会永远都存在，那么我们应该如何打破思维上的限制，让自己找准切入点，去发现机会、促成自我飞跃呢？

方法一：思想升级，实现观念蜕变。

在这个世界上，从来没有谁可以规定"你要成为什么人""你要去做什么事"，唯一能够定义你人生的只有你自己。

我从小接受的教育也是如此。在这方面，对我影响最大的人是我的母亲。我的母亲文化水平不高，但是她出口就是诗篇。当然并不是说她会写诗，而是她随口就能说出几句发人深省的老话、谚语，比如"儿子大了随妻行，女儿大了随夫走，撇下老娘冷清清""整整齐齐是庄稼，高低不平是人家""百麦磨不成面，百米做不成饭"，等等。有时我们都不知道怎么解决的事情，她随口一句话就能让我们眼前一亮。比如孩子找工作要去面试，对姥姥撒娇说："姥姥，我去了该怎么和人家谈工资呢？"老太太随口就甩出一句话："记住，'宁肯要跑了，不能要少了'。"等孩子应聘回来，张口就夸赞姥姥的大智慧。

虽然我的母亲一辈子没怎么出过远门，但她的思想特别不一样。记得前些年社会上兴起了买房热，有一次聊天时我问她："老妈，如果现在给你 100 万元，你是买车还是买房？"没想到她立刻回答说："那我肯定买车！"当时我母亲已经 80 岁了，我很惊讶地问道："你买车干什么？""我买车去玩儿！去外面看看。"我又反问道："那您不想要房了？"老太太也笑道："我要那干吗？我又搬不走。"

我当时就向家里人感叹，老太太的思想比我们还要超前。这种超前思维，让她在所有问题上都有自己的思考，而不是去随波逐流。这种思考模式也潜移默化地对我产生了很大影响，就像打开了束缚着我的枷锁，让我可以从固有的思维模式和习惯中解放出来，突破观念的桎梏，始终以一种自由的姿态去应对成长中的种种选择。

活得漂亮

从理论上来说，行动是观念的产物。一旦观念发生转变，就会带来行动和结果上的巨变，哪怕是一条看似不可能的路径，也可能会由于导入了观念上的自由与升级，而有了成功的机会和可能。

方法二：替逆境找新意。敢于尝试，敢于失败。

我在前面说过，我非常羡慕现在的年轻人，因为你们真的赶上了一个好时代、一个新时代，拥有很多意想不到的机会，但这些机会并不会摆在所有人都能看到的地方。换句话说，如果一个机会所有人都能看到，那么这个机会的含金量也会大打折扣。

所以我在这里奉劝想改变、想创造自己独特价值的有志青年们，一定要敢于去走独木桥，敢于闯出自己的路。不能因为大伙儿都从这条路上走，你便也跟着走，而是要敢于尝试、敢于超越，这样才能发现别人没能发现的宝藏。

尤其当危机出现的时候，一定要记住：危险与时机往往会相伴出现，如果你能慧眼识金，能够换一个视角看问题，敢于在逆境中寻找新意，从而以一种更加开放、更加包容、更加灵活的态度去发现新事物、掌握新技能，从一个别人不熟悉的领域切入，并从中汲取力量，就能够抓住改变命运的机会。

　　不管在什么时代、什么地方，社会资源都是有限的，但这种资源不会固定在某一个地方，而是会不断流转。如果你不学习、不改变、不提升，即使机会流转到你眼前，你也会因为思维定式或出于对未知的恐惧而错过它。

　　一个永不过时的成功法则，永远是解放思想＋升级观念＋抓住机遇，并且还要加上一个前提条件——相信自己有超越现状的能力与勇气，并愿意为此付出努力。即使失败了，也不会因此萎靡不振，而是从中学习、不断成长，通过反思、调整和努力，不断升级自己的认知水平，不断迭代和刷新过时的观念。这样，才能用一种全新的眼光去看待生活中的每一处细微变化，将自身的潜力从固有思维中释放出来。

　　这个过程可能很快，也可能需要一段时间的沉淀和历练，但只要你坚定信念、不断前行，就可能有一天会猛然发现：曾经那些自认为永远无法突破的坚壁，竟然已经被自己击碎，而你早已迎来了从内到外的彻底蜕变，收获了更好的生活与一个更好的自己。

第 四 章

习惯
培养

让"习惯"改变大脑

习惯

1. 好习惯：掌握专属能量之源

一个人从平凡走向卓越究竟有多难？

对于这个问题，已经成功的人与正在奋斗的人可能会给出两种截然不同的答案。命运有时候就是这样残酷，在通往金字塔顶端的路上，有的人备受好运眷顾，有的人却屡战屡败，一辈子碌碌无为；有的人能够忽得贵人相助，平步青云，有的人却因一时糊涂，深陷泥沼。当付出诸多努力，仍无法用双手创造期望中的生活时，人们不免会在无奈之余喟叹："都是我的命不好。"

然而，人在所谓的命运面前，难道就只能这样无能为力了吗？

我一直是一个不信命的人。我从参军到转战地方，经过自由恋爱结婚，再后来，选择走出机关创建盈科律所……似乎人生路上的所有关键选择，都相当不错。为此，有人羡慕我"命好"，一路走得顺风顺水，但事实上并不完全如此。

我曾经这样评价自己的人生：有那么一点"小运气"，但这种"运气"并不得益于上天的特别眷顾。有句话说得好，世上的人对于命运有三种态度，其一是安命，其二是怨命，其三是造命。如果说抱怨人或事是一种怨命，顺其自然是一种安命，自我改造是一种造命，那么我的运气显然是来自最后一种。

在我看来，如果真的存在一种逆天改运的方法，那就是不认命、不认输，将优秀变成一种习惯，再利用习惯的力量，建立起一种以成功为目标且能自动运作的"长效机制"，从而以最小的能量损耗达到知识积累、才能增长、自我迭代、自我突破的最终目的。

正所谓"行为变为习惯，习惯养成性格，性格决定命运"。很多人之所以在追求卓越的路上半途而废，是因为发力太猛，导致后续乏力。在生存的定局面前，要想反方向推动命运的齿轮，靠蛮力只会适得其反，唯有依靠润物细无声的涓涓细流，在尊重自我个人意志的同时，把握过程、掌握规律、创造结果，将你的独特优势固化成一种潜

活得漂亮

意识下的习惯动作，这才是一个人可以凭借自己的能力和智慧改变自身道路的基本过程。

那么，如何才能构建起这样一种无限趋向成功且能自动运作的能量"长效机制"呢？

首先，建立自己的能量"永动机"——"终身学习力"。

众所周知，律师作为一种高度依赖自我驱动和自我管理的知识密集型职业，永远不会像其他有些职业那样，学完了只管去做就万事大吉，而必须将"自觉学习、主动学习、终身学习"当成必备功课。于我来说，也是如此，在这一行，甚至资历越深，需要学习的东西越多。比如不断变更的法律条款，并不只是在原有的基础上增加、删除、合并几个法条那么简单，每个法条的适用范围、优先适用哪些条款，哪些条款已失效，都需要从业者通过自己的理解和吸收，不断更新自己的知识系统。

此外，作为律师还要随时准备学习新的技术。比如你经常使用的工具，可能会突然换了一套使用流程，需要你重新在习惯上进行磨合。而且除了这些静态知识上的更新，一个合格的律师还要在社会规则、为人处世、人际沟通等方方面面保持与时俱进，才能成功融入司法实务的话语系统，始终对最新立法保持一种本能的敏感度和自学力。

可以说，一旦选择了律师这个职业，就意味着选择了奋斗、选择了终身学习，不仅要拓展专业之长，更要以德为本，做到德才兼备，而这也是我当初选择以律师作为终身事业的重要原因。

作为一个将"活到老，学到老"精神贯彻到底的践行者，我从在部队时见缝插针地学习文化知识，到跨界学习法律，在职学习考取证书——因为之前对律师行业没有涉猎，面对浩如烟海的各种条文，只能靠自学和死记硬背，把别人用在娱乐聊天的时间都用来学习，这一过程被当作"靠学习改变命运"的典型案例也毫不为过。成为资深律师后，我依然没有放松对自己的要求。对我来说，保持学习、保持思考，已经从一种习惯变成了一种下意识的行为，这也是我不断追求卓越的能量之源，可以帮我在找到人生使命的同时，也使我始终保持思维的敏捷以及对新事物的适应能力。

为什么很多在学校时成绩很好的人，却无法在工作中拥有同样出色的表现？为什么同样起点的两个人，几年后的状况会有天壤之别？

这是因为，以往我们所认为的"学校""学习""知识"等用词，已经在深度和广度上有了新的定义。有人说

活得漂亮

"社会是一所没有围墙的大学"，但是其"教育体系"与学校有着本质不同。知识不仅指从书本和课堂上学到的内容，还包括所有你能够获取且为你所用的东西。如果狭隘地将自己的眼界与知识范围局限在学校教的范围之内，在走出校门后就永久关闭了自己的上进通道，那么慢慢因丧失竞争力而被排斥在顶峰之外，也是一种可以预见的必然结果。

诚如庄子所言："人生也有涯，而知也无涯，以有涯随无涯，殆已。"终身学习作为成功者的一种必备素质，知道者甚多，能做到者却寥寥。这不仅需要我们重新调整认知，做到随时随地学习，随时随地用自己的思想影响更多的人，更重要的是要将学习形成一种长期坚持的习惯。这样才能取得优于他人的成绩，才能达到高于别人的人生境界。

其次，学会倒空自己，才能以一种轻盈的姿态始终向前。

很多人说过羡慕我的洒脱和果断，无论是面对人生还是工作，似乎从来没见我有过特别纠结的状态。是的，这确实是我习惯性的做事风格，尤其是在面对选择时，我从来不会让自己背着包袱负重前行。比如，有些人做事前怕狼后怕虎，事情还没开始，就先给自己设想了无数可能——"我之前一直很成功，这次失败了怎么办？""我以前是公司的高管，现在做这个是不是太丢人了？""如果没有成功，别人会怎么看我？"……结果，事情还没做，各种情绪垃圾就已经堆积在胸中，不仅徒耗内心能量、拖慢了事情的进程，还会让自己陷入一种纠结混乱的状态，导致"崩溃""死机"。

学会适时清零，养成给自己定期清除内存的习惯，可以分为三个层次。

第一个层次：倒空自己，才能接受新的东西。

学会定时清零过去的成功，也要学会清零过去的失败。我一直认为，人生其实是一场体验之旅，每个阶段会有每个阶段的精彩。无论你过去的成就大小，无论你过去的人生是成功还是失败，都已经成为过去，而不能成为我们如今炫耀的资本或自卑的原因。

所以，我从不会特意躺在过去的功劳簿上不停地回味，更不会用以前的身份困住现在的自己。不管是做律师时的专业、果断，做主持人时的亲和、大方，还是做平台直播的放松、接地气，每一个新的身份对我来说都是一场新的征程，能够给予我从头再来的智慧和勇气，助我一次

活得漂亮

次攀上新的高峰，一次次达成不同的人生成就，获得更多、更丰富、更高质量的人生体验。

第二个层次：忘掉过时的旧有经验，不仅是智者所为，更是勇者所为。

每个人都会有自己的立场、自己的观点，但如果总认为自己是对的，总是以自己的旧有经验去处理当下情景中的人与事，难免会出现纰漏。

在平时的工作中，我自认为是一个善于听取别人意见的人。熟悉我的人也都知道我的这一习惯，他们对我的方案有什么意见或建议，都会直言不讳。在我看来，这不仅可以完成思维上的碰撞，提高工作效率，更重要的是可以让我回归一种赤子之心，不自见、不自是、不自伐、不自矜、不自贵、不自大，始终以一种轻盈的脚步持续前行，而不是故步自封。

第三个层次：成长不只需要做加法，有时候更需要做减法。

如果把我们生命中的烦恼分一下类，可能会发现其中有一半的烦恼是怕失去，担心失去已拥有的事物；另一半的烦恼则是得不到，也就是求而不得。不管是执着于已有的事物，还是执着于所追求的事物，都会给我们带来无穷无尽的烦恼，让我们分不清哪个方向才通往真正的目的地。

回到原始状态，重新审视当前的自己，重新定位自己的角色，生命中并不是时时都需要做加法，有时候更需要做减法，才能重新积蓄起新的成长能量。

关于习惯的力量，19世纪的心理学家威廉·詹姆斯曾有过这样的描述，"习惯就像一只巨大的飞轮……正是它，使得那些从事最艰苦、最乏味职业的人没有抛弃自己的工作；也正是它，注定了我们每一个人都只能在自己所接受的教育和最初选择的范畴内与生活展开搏斗，并为那些自己虽然并不认同，却别无选择的某种追求而付出最大的努力；还是它，把不同的社会阶层清晰地区分开来……"。

在困难面前，一个人的主观能动性永远可以让自己成为人生的主人。事实上，我们的思想和觉悟，以及我们内心的状态和外显的行为，才是塑造人生这块顽石的刻刀。

记住一句话：关于成长的命题，永远未完待续。这个世界上的很多事，就像一座座远处的大山，虽然看上去遥不可及，但如果能坚定地一步步向它靠近，它其实并没有你想象得那么远。

2. 微习惯：在生活和工作中保持充沛的动力

关山飞渡，风雨兼程。40年来，我的职业生涯几乎跟随着国家的法律建设一起成长。我国的律师队伍从建国初期的81名律师到恢复律师制度时的212名律师，再到如今的70多万名律师，我亲自参与、推动了这一行业从小到大的变化，也见证过很多历史性时刻。

在这个过程中，我做出了一些贡献，也留下了一些遗憾，唯独没有感受过什么叫"厌倦"。每当有记者采访我，让我描述一下以如今的"高龄"仍然活跃在律师一线工作，是一种什么样的感受时，我第一时间在脑中浮现的两个词是"心动不已"和"激情不减"。正如我在前面所说的，我的身份历经"郝会长""郝主任""郝书记""郝律师""郝大姐"这几次转变，但我最在乎也是喜欢的一个称呼，始终非"郝律师"莫属。

对我来说，这一称呼所承载的，不仅有我对社会义不容辞的责任，也代表了一代又一代法律人心中的浪漫。在这一岗位上，我始终能够做到"心中有火、眼中有光"，虽历经时间冲刷，我依然能感受到内心奔涌的活力。所以，我对我现在的状态很满意，无论是在生活中还是在工作中，我一直希望呈现给大家的状态是——"眼睛里充满了故事，脸上没有沧桑"。这不仅是我对自己的要求，也是我送给每个年轻人的真挚希望。

可能有人会觉得我这个建议有些不合逻辑，毕竟对于现在正风华正茂的"90后""00后"们来说，无论如何，也不至于要我这个"50后"来给他们传授如何保持年轻态的秘诀。然而，据我观察，活力流失，"人未老，心先老"的状态确确实实是存在于现在青年一代中的普遍问题。

如果想了解自己是不是属于"苍老年轻人"中的一员，可以试试从以下几个方面进行判断：

（1）是否经常感到记忆力下降，做事严重拖延，经常优柔寡断？

（2）是否对新鲜事物失去了好奇心，做事得过且过，不刨根究底？

（3）是否经常感到空虚乏味，失去了做事的激情和对生活的热情，只想"躺平"、退休？

（4）是否过度保守，不愿意也不习惯接受生活的改变，只在熟悉的舒适圈中打转？

如果你已经根据以上现象对号入座，那么，即使你的脸上没有沧桑，你也已经开始从心理上进入了一种"养老"模式。长期生活在这种模式之下，生活也会变得像死水一样寂然无波。这也是很多年轻人总是抱怨生活无趣、工作无聊，每天失去力气、无精打采的原因之一。如果将一个人散发出来的气场比作大脑向外发射的电波，那么一个长期处于"养老"模式下的人发射出去的信号，通常都会带有强烈的负面能量，翻译过来就是"我不行""我做不了""不要接近我""我不想改变"。久而久之，外界也会感应到你的情绪并给予同频回应，将一切美好事物出现的可能性扼杀在摇篮之中。

从成长的角度来说，这是一种非常危险的状态，甚至可以被称为"能量小偷"。一旦进入这种状态，唯一的突破口就是从改变自己的微习惯入手，进而改变大脑向外发射的信号频率，才能让自己始终以一种饱满的情绪去迎接世界带给你的无限馈赠。下面，我就从自己的实际情况出发，跟大家谈谈如何在生活和工作中保持充沛的动力。

技巧一：忘记年龄，它只是一个计数单位，其他什么也不代表。

前段时间，我在一次活动中见到了一位十几年未见的老朋友，一见面他就立刻认出了我，并惊讶地说道："你怎么和以前一模一样，一点儿都没变啊！"我立刻大笑道："不可能吧，这么多年了，怎么可能不变呢？"他又仔细看了看我，摇了摇头，说："确实没变，不信的话我还保留着一张当年你和我的照片，我们俩今天再照一张，你自己对比一下。"

其实，类似这样的情形我已经司空见惯，几乎所有很久没见的老朋友见到我都会这样感叹；而几乎所有第一次见到我的人，也会在知道我的确切年龄之后露出惊讶的神色，大呼道："完全看不出来！""您是怎么保养的？怎么看上去比年轻人还精神、有活力？"

被如此问得次数多了，我也曾在闲暇时浏览这些年的照片。容貌上的变化当然是有的，毕竟每个人都无法阻挡自然的力量；唯一能称得上不变的，可能就是始终如一的气质和坚定的眼神。正如很多人猜不出我的年纪，甚至连我自己也要算一下才知道，噢，原来我今年已经 × × 岁了，然后转眼就将这一信息抛之脑后。在我看来，一个人的活力状态如何，其实与年龄无关，而取决于其生命状态。

有些人虽然上了年纪，但他们身上所展现出来的自律与肆意，可以让你忽略他们的白发与皱纹，更不会将他们与"老"这个词联系起来；而另一些人虽然年纪轻轻，却深陷于生活的泥沼之中，即使再年轻的外表也无法掩饰他们内心的疲态，让人一看上去就觉得苍老。

很多时候，一个人所呈现出来的"老态"，其实是一种心理上的"疲态"。如果你最近总是觉得非常疲惫，做什么都没有动力，不要归因于年龄，这更可能是身体在发出信号，提醒你该停下来适时休息一下了，将身心都调整到一个舒适的角度，再重新精神饱满地出发。

技巧二：专注目标，跟随自己的节奏，摆脱"社会时钟"所带来的压力与疲惫。

- "我已经30岁了，再想辞职转行是不是太任性了？"
- "我已经35岁了，还在租房子住，是不是活得太失败了？"
- "我已经……岁了，再奋斗还有意义吗？"

生活中，还有一个令人感到疲惫的原因，是人们总是习惯于给不同阶段的人生贴上格式化的标签，提醒你什么年纪要做什么事情。

但年龄从来不是生活的障碍，心态和能力才是决定人生的关键。这也是我与别人明显不同的观念，我从来没有因为人生节奏的不同而产生过任何焦虑，也没有遭受过任何诸如"35 岁危机""中年危机"等情绪的困扰。即使我也曾有充分的理由去焦虑：毕竟我的事业进步时间可能要比生活中大部分的人都要晚——30 岁才决定转行，到了 34 岁才追梦成功当上专职律师。

直到 50 岁，在别人都准备退休的年纪，我才进入我所认为的"开挂"阶段，并且随着年龄的增长，我觉得我的状态变得越来越好。60 岁时，我还在协会倡导并组织几个律所的律师一起跳水兵舞。如果时间允许，我今后还会继续组织。

在这个世界上，每个人都有自己的发展时区，人与人之间的起点不同，终点也千差万别。如果眼睛只盯着外界，只会徒增精神内耗，对自身发展几乎没有任何好处，反而会打乱自己的节奏。

因此，我从来不在意年龄所带来的改变，更不会限制自己到了某个年龄就不能去做某事，或者必须要达到某种状态。这种心态上的松弛并不是我强求的结果，而是一种

活得漂亮

自然而然养成的习惯，就像在一条道路上奔跑，当你专注目标时，自然就不会被周围的噪声分散注意力。

技巧三：永远保有一颗对新事物的好奇之心，永远用一颗赤诚的心去相信、去热爱。

我一直认为，一个拥有好奇心的人是永远不会老的，因为"好奇心"本身就代表了一种对生活满溢的热情，代表了一种向外探索的能力。对于新鲜事物背后的谜题和未知，他们敢于以全然开放的姿态，随时打开与外界交流的互动通道，始终以饱满的热情去面对工作与生活的挑战。

从小到大，我一直是一个好奇心很强的人，遇到什么没见过、看不懂的东西，都会想办法弄明白。这种对新事物的探索已经成为我一种下意识的习惯。

比如很多人好奇我为什么要跟年轻人一起学习做直播，每天花几小时去和网友交流、沟通，不累吗？不麻烦吗？其实，除了所有公益、宣传等其他因素，还有一个驱使我做这件事的关键原因，就是好奇——这件事是怎么运作的？互联网媒体与传统媒体的不同之处在哪里？短视频平台与律师行业结合会碰撞出什么样的火花？其中的每一个问题，都像一个诱人的果实，驱使着我去追问、探索和学习。

要想在律师行业有所发展，你必须时刻拥有强烈的好奇心与求知欲，这样才能始终走在行业与时代发展的前列。这种"年轻"，不仅会在精神面貌上有所显现，还表现在对新事物的关注和获取上。

这也是为什么我一直认为律师是一个"年轻"的职业，因为你要随时更新自己的法律体系知识，随时关注社会上的热点事件，随时准备接受新的理念和知识。如果与时代脱节，如何成为处理问题的那个人呢？因此，毫不夸张地说，几乎我在律所见过的每一个律师，他们的精神面貌都会比他们的年龄要年轻 10 岁以上，整个人散发着一股难以抑制的活力与朝气，非常有魅力。

好奇心是每个人与生俱来的本能，它帮助我们一步步去了解、认识世界的不同。然而，要保留这项本能也不是件容易的事，毕竟，对新生事物的理解和探索，需要我们在持久认知的基础上，思考一件事情为什么会发生，通过对知识的理解和探寻，去寻找事物背后的真相，并为己所用。

很多人在成长的过程中选择丢弃这部分本能，从一个满脸热诚的年轻人，逐步变成一个无趣的中年人。这种改变来得悄无声息，却像一个不断漏水的水箱，偷走你的活

活得漂亮

力。要想终止这种变化的进程，可以尝试从改变一些微习惯开始，重新激发内心的好奇因子，哪怕只是一个念头、一次问询、一次追问、一次交流、一次随手的"百度"查询，就能帮我们重新获得前进的动力。

3. 演说力：有逻辑地表达，开口就能打动人

提到那些能让普通人摆脱平庸、走向卓越的关键素质，按照其在人们脑海中的重要程度排列，可能会包括以下词条：过硬的专业技能、超强的自律能力、敏锐的预判能力、健康的个人体魄、坚定的目标信念，另外还有强烈的责任心、善良乐观的性格、合理规划的能力等。唯独有一项能力，人们总是习惯性地将其归类为锦上添花的"虚功"，一个人在显露出成功潜质之前，甚至会特意避开对这一技能的展露，以免给自己惹上"不踏实""不实在"等负面印象，这项能力就是能够随时随地打动别人的演说力。

在很多人的一般印象中，"演说力"这个词似乎离生活

太过遥远，毕竟除了媒体、律师、演员、销售等需要开口的行当，生活中很少有需要展示这一能力的舞台，甚至连当众讲话的机会也不多，自然不用在"如何说，别人才会听""如何说，别人才爱听"等问题上浪费时间。

然而，这恰恰是很多人无法从优秀走向更优秀的关键一环。以我自己为例，如果让我对自己身上所具有的特质打分，我的答案可能会出乎所有人的意料。因为我最引以为傲的能力不是大家所认为的坚持、执着、专业等，而是能够随时随地打动别人、随时随地表达自己的想法、随时随地影响别人的表达能力和演说力。甚至可以说，如果没有这项能力的帮助，我根本无法走到现在的位置，也无法成为现在的自己。

谈到这里，可能有人会有些不服气："因为你是律师啊，又当过电视节目主持人，当然表达能力好；普通人根本不需要，也没有能力具备这些技能。"我们可以对这种观点逐条来讨论一下。

▶ 观点讨论一：普通人有培养演说力的必要吗？

在我看来，如果无法准确获得这一问题的答案，我们不妨换个说法，将"演说力"这一综合能力分解成几个组成部分，即表达力、沟通力、领导力和影响力。

首先，一个人可能没有当众发表演说的机会，但不管是生活还是工作，处处都离不开表达，尤其是在这个快节奏的社会，良好的表达能力可以帮助我们在最短的时间内为自己争取到最多的资源与机会，比如入职面试、竞聘上岗、述职报告、商务谈判、工作动员等。对我来说，这一能力为我带来的便利，不仅表现在我成为律师之后，还可以追溯到我的学生时代以及军旅生涯。因为从小爱表达、会表达，不管什么场合都不怵于表达自己的观点，这一鲜明的个人特色，使我即使与别人处在同一起跑线上，也会成为人群中最惹眼的那一个。

当机会来临时，给别人一个选择你的理由，你的这一优势和不同，就可能成为打开命运转机的钥匙。

其次，演说的最终目的，除了满足想要表达的表层欲望，更重要的是将其当作一架从无形到有形的桥梁，从外界获得某种反馈或达到某种目的：在与人的交往中，可以通过演说无形中获取人心；在工作职场中，可以通过演说使人们认同你的观点，了解你的性格，拉近双方的距离，减少沟通误差；在管理经营中，可以通过这一能力来提升个人的魅力和影响力。

很多时候，人与人之间能够拉开差距的节点，只有那么几个。如果你已经决意摆脱平庸的命运，就不要在转折点来临之时，再后悔当初没有准备。不管你现在正处于人生中的哪种状态，养成有效表达的演说习惯，都可以作为一个能力的放大器，让你魅力倍增，大大增加你在做事时的获胜筹码。

▶ 观点讨论二：普通人有能力掌握演说技能吗？

这个答案当然是肯定的，任何人的任何技能都不是与生俱来的，而是通过后天习得的。

虽然我一直说自己擅长表达，但刚开始所谓的"擅长"，并不是具备什么演说的技巧，只是因为性格活泼、胆子大、爱表现。当初我凭借这点优势选择了律师行业，就是奔着这是一个"可以靠说话完成的工作"去的。然而，等真正接触律师工作后才发现此"说话"非彼"说话"，每一场台前的口若悬河、驾轻就熟，不是靠天赋，而是付出了无数个勤学不辍的不眠之夜。正如大家对律师行业特点的总结——"听起来很美，看起来很阔，说起来很烦，做起来很难"。

要想做好每一场关乎自由和生命的辩护，对得起其背后所承载的责任与期待，律师必须将自己想象成一个战士，为了取得最终的胜利，必须以专业的观点和语言为武器，来捍卫法律的尊严，维护公民的权益。表达训练的重要性不言而喻。也是在那时，在我决定成为律师后，我才真正决定将自己擅于表达的优势当作自己的特质来细细打磨，从业余水平提升到职业水平。

而我在央视担任主持人之后，又将这一技能从职业水平提升到专业水平，从一种行动转化为一种习惯。俗话说"人外有人，天外有天"，即使我当时已经是一名专业律师，在表达能力、演说经验方面都有了一定提高，可一旦放到专业的舞台接受审视，与专业的主持人同台竞技时，还是暴露了不少瑕疵和不足。为了尽快提升自己的演说力，我专门报了一个培训班，讲课的人都是身边的知名主持人，我以他们为榜样，从讲话的形象、仪态、文采、声音、节奏、情感等细节入手，不断锤炼自身的表达水平和镜头感觉，一步步从失败中总结经验，一次次在实践中磨炼技术，才算是正式打开了演说的开关。

演说力的跃升，在大大提高我的表达能力的同时，也让我开始意识到演说力的真正效用：你能把话说到多少人的心里，你的影响力就有多大。通过这一途径达到的宣传效果，可能要比我单枪匹马独自奋斗的效率高上几十倍甚至几百倍。

没有人是天生的演说家，也没有人天生就"不擅长当众讲话"。即使是性格内向的人，也可以通过后天训练与技巧的加持，来提升自己"说"的能力，掌握表达背后的秘密与力量。

▶ 观点讨论三：如何通过后天训练，快速提升演说力？

用合适的语言将自己的观点表达出来，难吗？不难！用合适的途径让别人接受自己的观点，简单吗？不简单！要想达到更好的演说效果，可以试试以下技巧。

第一，在思维上做到和大家同频共振。

简单来说，就是要与外界建立情感上的连接，听众只有先从心灵上对演说者产生共鸣和信任，才会愿意从思想上接受其观点和态度。比如，当你的观点可能会引起争议时，直接说出来可能会引发对方的逆反情绪，话没出口就已经败了。这时，你可以通过分享人生故事或个人经历，运用自嘲、幽默等感性方式，迅速拉近与对方的距离，此时再阐述想表达的观点，才有可能说到对方的心坎里，达到快速说服对方的目的。

　　　　　　　　　　　　活得漂亮

第二，讲话内容要符合大家的口味。

人不会对与自己无关的事产生过度的关注，反过来说，如果你呼吁的问题满足大部分人的内心诉求，就能够顺理成章地赢得大家的喝彩。这就要求我们在表达自己的想法之前，也要将对方听到这一问题的反应考虑在内，了解别人真正想要的、说出别人真正想听的，并提前给予对方关注或安抚，才能引发共鸣。

这一思维在日常交流中的合理运用，同样可以让你的表达更有人情味儿。比如，当你想对某人的工作提出建议时，你可以选择直接说"我觉得你这种方法不够好"，也可以换一种方式说："你的想法很好，如果在这个基础上再强化一下可能效果会更好。"虽然只是在内容上进行了小小的改动，引发的反应却可能截然不同。

第三，逻辑清晰、善于总结，让人一次就听懂。

你明明有很多奇思妙想，一说出来却抓不住重点，让人搞不清楚你究竟想表达什么。这就需要运用逻辑思维，先在心中通过自我对话，将头脑中庞杂的信息按需提取，再按照一定的次序进行分类整理，这样才能做到心中有数。如果你觉得打腹稿太难，可以试试从笔头功夫入手，将自己的思路整理成一篇演讲稿，并在写作时注意以下三点：

① 开头要别开生面、引人入胜，良好的开端等于成功的一半；

② 叙事要有起承转合，层层递进，故事性和思想性是演讲的支撑；

③ 结尾不是结束，要有令人回味、发人深思的结语。

即使刚开始不得要领，也要逼着自己去提取，逼着自己去总结，这样才能将这种思考方式内化成一种思维习惯，做到随时随地即兴表达，即使面对需要较长时间的演说场合，也能几句话就讲出重点，瞬间掌控全局。

第四，提升气场，让你的话语更有分量。

有段时间，我作为多元调解中心的调解员调解案件，别人可能要半天、一整天才能完成的工作，我两小时就调解成功了，引得中心的老法官点赞，也有人前来取经问道："您是怎么做到的？"其实，做到这一点只需要两大工具：一是知识，二是气场。从前者来说，我跟他们所采用的工作方法、专业工具都没有太大差别，问题就出在后者，也就是气场差异。

同样是面对原告和被告的调解，只要我一出场，就会自带一种气场，让当事人感觉公正、爽快、厉害！在调解过程中，我不会按照对方的节奏走，而是让他们跟随我的思路，跟上我的节奏，该略的略，该详的详：

- 被告有没有接到起诉书？有，好的，我们现在就不读了。（简化程序）
- 原告对起诉书有无补充？无，被告说一下你的答辩意见。（掌控流程）
- 好的，基本事实清楚，下面归纳本案的争议焦点。（一锤定音）
- 双方是否认可以上焦点？如果有疑问可提出修改。（反馈调整）
- 背对背做工作，指出各方的问题，找出差距点，再撮合。
- 面对面指出各自的问题，再说明调解结案的优势，最终前置说服，达成调解意见。

以上流程一气呵成，一个案子用时两小时足矣。然而，这一调解方式却不是谁都适用，尤其对年轻律师来说，如果缺乏处理案件的经验，就少了几分底气。无法安抚当事人的情绪，又缺乏强势的气场，更不知道关键点在哪儿，自然无法以理服人，反而会让一个很清晰的事情扩散成一团乱麻，用一个通俗的说法就是"太年轻，压不住阵"。但是，气场这种东西无影无形，从哪里开始培养呢？

我将自己的经验总结成一个公式：

气场 = 专业 + 自信 + 表达 + 思维 + 坦诚 + 大量练习

所谓习惯的养成，就是要多想、多练，才能习惯成自然。这也是我们在律所设立模拟法庭、坚持举办"刑辩演说家"大赛、开展各种活动并鼓励大家积极参加的主要原因。

每个人都有说话的权利，但只有很少的一部分人能够运用好它。如果身边没有这样的舞台，你可以主动寻找表达的机会，比如开会总结、小组交流、公司述职，甚至同事间的闲聊等，都可以成为你展示自我的舞台。利用平时的时间多讲、多练、多总结，一遍说不好就把这件事说10遍、100遍，直到你的心中没有任何胆怯与紧张。将表达的习惯纳入你的安全区域之内，气场自然就来了。

4. 行动力：复杂的事要简单表达

　　不管是在生活中还是在工作中，我一直是大家公认的能够时刻保持行动状态并拥有超强执行力的实干派。结合周围人的反馈，我做了一个小小的问卷调查，将原因大致总结为以下几点：

　　（1）只要事情出现，我会很快安排时间、采取行动，并以最快的速度抓紧完成，从不拖泥带水、瞻前顾后；

　　（2）对于不确定的事情主动解决，不逃避、不拖延，避免精神内耗；

　　（3）善于分析判断，能够透过表象看本质，迅速分析出问题的真正根源，并立刻给予解决；

　　（4）在执行工作时能够全心投入，专注于目标的实现，不会受外界的干扰和阻碍；

　　（5）时刻保持自律，恪守职业操守，具有超强的道德标准和责任感，不仅对自己负责，也对他人负责。

　　以上几点，就是我几十年如一日的生活常态，也是我一直保持的工作习惯，没有什么特别的。然而，就是这种"时刻在线"的高能量状态，让身边很多的年轻人十分羡慕，纷纷向我取经，询问如何提高行动力。那么，接下来我们就讨论一下有关"动起来"的习惯培养。

首先，你为什么"动不起来"？在现在这个信息透明的时代，只要你想学、想做点什么，几乎可以立即获得了解的渠道，甚至连成功的方法都被人总结出来了。但面对同样的信息资源，为什么只有少数人可以获得立竿见影的成长，而更多的人则只能看着别人的背影，在无数次重复"如果我当初……就好了""如果我再坚持一下就好了"的遗憾中度过余生呢？为什么口上说想学习、想改变的人那么多，但真正采取行动、坚持下来的人并不多呢？

造成不同结果的关键因素，就在于行动力的差异。举个简单的例子，很多人都知道减重的方法就是"管住嘴、迈开腿"，只要行动起来就会看到效果，但大部分人只停留在了口头上，将"想了"当成"做了"，结局自然不尽如人意。而这些人往往有一个共同的弱点——重想法而轻执行，明明头脑中有很多想法，但总是犹豫不决，迟迟不能采取行动；还有的人会高估自己的行动力，等到自己真正执行时，才发现完全不是那么回事。

　　　　　　　　　　　活得漂亮

在"想"与"做"之间，人们总是习惯性地将前者作为后者的先决条件，但它们看似水到渠成，其实却隔着一道巨大的鸿沟，而这条鸿沟正是划分优秀与平庸的一道天堑。

那么，要想解决这一弱点，我们一定要在头脑中植入一个观念，即"良好的行动力是让自己变优秀的先决条件"。只有先具备了行动力，我们才能在此基础上拥有更强的学习力、执行力和专注力。此外，利用以下几种方法，也可以帮助你远离过度思考，将"行动"变为一种习惯。

方法一：快刀斩乱麻，逼自己一把。

当要做的事情很多，留给自己解决问题的时间又非常有限的时候，我通常在第一时间想到的不是放弃，而是逼自己一把，将时间像挤海绵里的水一样，最大限度地挤出来。比如有一次，区律师协会举办中秋晚会，我们几个律所准备排练一个节目，我也要参与其中。

偏偏那段时间我非常忙，不仅要讨论案件、外地开庭、参与直播、准备电视台的节目，还有不少会议需要参加，根本没有时间参加排练。当时就有人劝我放弃，但我没有同意，反而直接将排练的场地安排在了我们律所，我负责搭台，请其他律所参加排练的人员过来排练。这样做的目的就是逼自己一把，别人都到自己家里来了，我又怎么好意思不出现呢？结果，在这样的"逼迫"之下，我果然又给自己挤出了一些时间，顺利完成了任务。

如今，很多年轻人都说自己患上了"拖延症"，明明有很多问题需要处理，但总是掩耳盗铃、自欺欺人地采取回避的态度，即使明知这样拖延下去会酿成灾难性的后果，也没有动力去积极面对。

曾经，我也受到这一问题的困扰，尤其是在创建盈科后，律所大大小小的事务都需要我亲自处理，很多日程时间是冲突的。但我同时也发现：拖延并不能帮助人节省时间或精力，拖延的人也不是因为懒惰或没有责任心。从本质上来说，拖延与道德无关，而是一种心理问题，混杂着内疚、焦躁等种种复杂情绪，其目的之一在于暂时逃避现实。但问题是：你所逃避的事情，并不会因为你的视而不见而彻底消失，反而会因为失去最佳的处理时机而一天比一天难办，最终变得积重难返。

所以，我从那时起就养成了遇事"逼自己一把"的习惯。当思绪繁多时，我不会将自己淹没在情绪的汪洋大海之中，而是用最简单的行动，用一种决绝的心态，将自己的退路斩断，逼着自己往前走。这样才能快刀斩乱麻，找出解决问题的通路，就像给一个静止的物体施加了一个推力，让它启动之后，运行就很容易了。

方法二：不要说谎，一次都不行。

人难免有疏忽的时候。每天的事情千头万绪，答应别人的事情忘记了或没做到时，有些人会找个借口或编个谎话敷衍过去。但我不管是对自己，还是对我们的律师，都有一个要求，就是：不要说谎，也不要给自己找任何借口。错了就是错了，没做就是没做。为什么会有这样的要求呢？

第一，撒了一个谎，就要用无数个谎来圆。因为谎言不是事实，你不可能总记在心里，更不知道它会在什么场合、什么时间穿帮。这不仅事关个人信誉，还会在无形中耗费你的心理能量，给你下一步的行动增加无形的阻力。

第二，避免让自己养成爱找借口的习惯。由于人类天生"趋利避害"的本能，很多人可能给自己寻找一个合理的借口，拖延行动、自欺欺人。这种做法与谎言一样，都具备一个巨大的"好处"，就是掩盖自己的错误或懒惰，将自己该承担的责任转嫁给客观因素，使自己免受自责的折磨。举个简单的例子，当冬天清晨的闹钟响起，行动力差的人可能会在心里给自己寻找很多理由，比如天气太冷了、昨天睡得太晚了等，来为自己设置心理障碍，无限延迟自己起床的时间。但行动力强的人，绝不会让这些理由成为自己晚起的借口。

只要你想自我欺骗，谎言与借口永远是无穷无尽的。这种行为虽然可以在短时间内降低你的心理压力，但说到底还是对自己惰性的纵容。长此以往，不仅会成为难以驱除的顽疾，还会让人对自己充满怀疑，总是让自己处在"还没准备好"的半熟状态，从而丧失主动做事的进取心，陷入恶性循环的怪圈。

如果你看到这里，发觉自己也身处类似的怪圈，不妨从拒绝谎言与借口开始，依靠行动力打破这个怪圈。在没找到其他办法之前，解决问题的最好方式就是赶紧行动起来，做自己该做的事。

方法三：今日事，今日毕。

可能有人会觉得：这句话我小学时就知道了，还用得着你说吗？然而，扪心自问：就这么简单的一件事情，你真的做到了吗？

虽然这是一个小学生都知道的道理，但对于成年人来说，随着生活中需要处理的问题的增多，加上各种突发事件，要做到这一点，其实是件颇有难度的事情。但我在工作中却一直坚持做到这一点，这是我给自己定的一个小原则。

比如我今天计划写一篇文章，即使加班到深夜，也必须把这件事情做完。对我来说，今日事，今日毕，答应别人的事一定要做到，这不仅是能力问题，还是信誉问题。长此以往，习惯成自然，行动力也在无形中得到了大幅提升。

可以说，我在时间管理方面没有什么特别的技巧，非常简单粗暴，就是今天的事情今天做完，不要把今天的事情拖到明天。总结起来只有四个要点：第一，要记得；第二，要有计划；第三，质量要过硬；第四，一定要按计划完成。

人在拖延时会产生自责、焦虑等负面情绪，而如果能每天完成任务，则会从中获得正面的情绪反馈，进入"行动—完成—奖励—再行动—再奖励"的上升循环，唤醒主观能动性，将"动起来"变成一种下意识的行为习惯。

人和人之间的差距，究竟是怎样拉开的？

那些优秀的人之所以优秀，可能并不是因为他们有超强的天赋，而是因为在别人犹豫的时候，他们已经在路上；而那些反复说着"如果我当初……就好了""如果我再坚持一下就好了"的人，即使上天再给他们一次重来的机会，他们很可能仍然重复过去的做法，眼看着机会与他们擦肩而过。不是因为他们没有能力，仅仅是因为他们没有付诸行动。这就是性格决定命运的原因。

不要小看行动的力量，对于成长来说，行动力缺失是最致命的弱点，可以让一切好的想法、认知都仅仅停留在想象的层面上，而让一切成长的可能性化为乌有。

养成主动去做事的习惯，为下一步积累足够多的能量。当你尝试去做，并慢慢坚持下去，就会发现，其实事情并没有你想象得那么难，成功也没有你想象得那么远。

5. 团队影响力：理解存在的力量

时间如白驹过隙，数十年仿佛只在弹指之间。自从1979 年中国律师制度恢复重建以来，到如今已经传承了 4代，在涌现出一批优秀的律所和个人的同时，我也从 40 年前那个青涩的律界新人，成了圈里"奶奶辈"的人物。回想起一路走来的收获，什么功成名就只是过眼云烟。如果说有什么成果最让我引以为傲，我只能说：最让我珍惜的是 40 年如一日的良好口碑，最让我感动的是拥有了一群愿意无条件喜欢我、信任我、追随我的人。

有时记者来采访，在报道时称我为律界"一姐"，因为认为我非常有号召力，只要是我呼吁、倡导的事情，布置下去就立刻能组织起来并得到很多人的响应。似乎在业内，"郝律师"这个名号已经成了一块金字招牌、一棵经久不衰的常青树。不过，等采访结束，我都会要求他们把"一姐"这一称呼换掉，不是因为谦虚，确实是不敢当此名号。能够得到这么多人的信任和喜爱，时常让我感到非常意外。因为我知道，有很多人比我做得更好。

记得有一次，一位朋友的律所要搬迁，在搬迁并装修好后，她一定要让我去帮她参谋一下律所的设计和摆设，她说："郝姐姐，我就想让你来看看才放心，你随便说几句话就能让我获益匪浅。"有时候我去参加活动，也会有面生的朋友主动过来打招呼，说之前在某处得到过我的帮助，一直非常感激我，所以特来致谢。还有的人在遇到问题或自己取得成绩时希望来与我分享，"姐姐你哪天来，我有事要向你汇报"；有了问题时，也会说"姐姐你哪天来，我有事要和你商量",希望继续得到我的指点。

每当这时,我都感到既高兴又惶恐。高兴的是:我曾经的无心之举竟能给别人带来这么大的影响;惶恐的是:很多事我做过就忘了,以至于别人提起时我确实一点儿印象都没有。

所以,每当有人让我讲讲"如何才能管好团队""如何才能提升影响力、号召力"时,我都觉得没有什么好说的。因为我从来没有特意采取过什么手段去笼络人心,也没有把自己放在一个领导者的位置上,刻意凭借权威身份或规章制度强行领导他人。在我看来,一个团队是否有强大的凝聚力,不是看领导的管理水平有多高,而是看你能否赢得人心。一个真正有影响力的人,不应该是一个威严的指挥者,而应该像一块磁铁,即使不发一言,其存在本身就会散发出一股无形的能量,吸引别人来主动靠近,这种无声的力量往往会比有形的管理来得更持久且有力。

那么,如何理解这种无形的力量,如何从日常小事出发,养成这种令人自发追随的气场呢?

第一个关键词:身体力行。

一个很简单的道理:如果你希望别人去做成某事,自己应该先做到,才有底气去倡导和引领他人。尤其对于刚

　　　　　　　　　活得漂亮

刚登上领导位置、还没有扎稳根基的新人来说，你并不会因为被授予了某一职位，就能自然拥有相应的权威；你需要通过身体力行，自然激发周围的效仿热情。

比如，一般律师在解决婚姻家事纠纷时，只要处理好案件诉请的问题，任务就结束了。而我在处理案子时往往会多行一步，除了帮当事人争取到必要的财产利益，还会精益求精，从精神方面尽善尽美地再给客户争取一些增值服务和更多利益，除了帮助他们解决纠纷，还协助他们调整心态，以确保他们在案子结束后，还有更多的力量去继续今后更好的人生。在一般人看来，这样做似乎有些"费力不讨好"，我也不会硬性规定别人必须按照这种方法去做。

然而，过了一段时间之后，我发现这种做事方法已经成了我们盈科律所的惯例，虽然没有明确规定，但大家自然而然地达成了一种共识，只要是分内能做到的事，都会尽量帮助当事人去做。

如果你也想试试通过自身行动来传播价值观或表达某种期望，一定要注意避免刻意，更要言行一致。要想潜移默化地改变人们的行为模式，你需要有坚持数月、数年的耐心和毅力，才能从习惯上对他人造成影响，引导他人心甘情愿地发生改变。

第二个关键词：正向引领。

如果将一块石头投进水里，会在水面上产生一圈一圈的波纹；石头的大小不同，产生的波纹强度也各不相同。一个人所散发出来的气场也是如此，你自身的能量越强，当其向四周辐射时，引发的振动就会越强大有力，辐射的范围也会越大，从而让更多的人感受到你的存在，也就是所谓的"存在感强"。相反，如果一个人自身能量较弱，与人交往没有存在感，不管走到哪里都像一个"小透明"，就像扔进水里的一颗小石子，自然无法在团队中发挥出自己的个人影响力。

所有与我共事过的人，不管接触时间长短，几乎都对我有一个相同的印象，就是"永远微笑""永远从容不迫"，似乎从来没见我有过低谷期，也没有见我露出过一点畏难的情绪。其实，谁都会有低谷期，我也经历过很多艰难的时刻，只不过，我选择将这些负面情绪留给自己，而始终把最好的一面留给大家。

记忆中我最难熬的一段时期，是我母亲刚去世的那段时间。那时我消沉了很久，状态非常低落，但我知道我不能倒下。哪怕一晚上睡不着，一边流泪一边独自消化那些

　　　　　　　　　　　　　　活得漂亮

汹涌而至的情绪，我也会在第二天把自己整理清爽出现在众人面前，微笑着安慰他们："我没事，你们放心。"

作为一个团队里的"定海神针"，我希望自己传达出去的永远是一种正向的能量，可以让团队里的其他人透过我看到笃定的未来，从而形成一种更深层次的期待。有人曾这样评价我在团队中的状态："在工作中，只要您在律所坐着，哪怕什么都不说，大家都特别有干劲儿，觉得心里有底。"我想，这种存在感与安全感，便是影响力的一种具体体现吧！

第三个关键词：勇于担责。

一个人的影响力在什么情况下能得到最大程度的发挥？一定是在有问题发生的时候。出现意外时，一般人会习惯性地追究失误的责任，甚至互相推诿；而真正的领导者却会致力于补救失误、解决问题，这样才能得到人们发自内心的认可和回报。

关于这一点，我可以毫不犹豫地做出承诺："不管发生什么事，我永远是承担责任的那个人。"在团队里，我始终将自己定位为一个保护者的角色，将所有的责任扛在肩上，敢于承担起这份职责的风风雨雨，敢于正视这个位置所带来的一切得失，敢于拼尽全力护着身边的所有人。

也正因如此，人们才会在面临诸多选择时选择与我并肩而行。

第四个关键词：大爱无疆。

一个领导者之所以优秀，不是因为他能管理多少人，而是看他能成就多少人。比如我在前面提到的，有人疑惑为什么我会有那么大的影响力，为什么我倡导的事情总能立刻落实。其根本原因在于，我做一件事情的初心，不是从个人利益出发，而是认为只要这件事情能够使身心愉悦、能够团结大家、能够创造更好的环境，那么这件事就是有意义的、值得去做的。

为此，有人说过我傻，只知道自己付出，什么回报都不要。其实，他只说对了一半，我确实付出了，但我也得到了回报。只不过，这种回报不是有形的物质奖励，而是一种无形的能量。正所谓"爱出者爱返"，如今大家对我四十年如一日的认可，就是我这一习惯的最大回报。

第五个关键词：互相成就。

如果将所有职业的团队领导的难度做一个排名，律师团队应该会名列前茅。对于律所而言，其最大的财富是律师，最大的风险也是律师。要想将这些习惯于单打独斗的高素质人才团结在一起，增强团队的凝聚力，其难度不小。然而，我们盈科团队却创造了一个管理奇迹：这么多年来，盈科的万人队伍没有出现过任何闹庭、罢庭的，没有出现过任何妨碍诉讼或仲裁活动的，没有出现过任何对案件信口开河、肆意炒作的。

作为一家万人大律所，如何能拧成一股绳，劲往一处使，不仅要靠制度的约束和个人魅力，更要让所有成员建立共同的目标和价值理念。因此，为了增加律师在律所的凝聚力、归属感、获得感和幸福感，我们提出了"幸福盈科"的概念，通过党建引领，工会、团委、女工委、青工委、民主党派联谊会等组织全面动员，完善了图书馆、母婴室、体育中心等配套设施；组建了艺术团、篮球队、足球队、舞蹈队、歌唱队、模特队等特色团体。

我们律所还积极开展演讲赛、辩论赛、诗歌朗诵、配音读书会、春游、秋游、中秋晚会、新春晚会、生日会、下午茶等活动，让公益和文娱结合、党建和所建结合、团建和队建结合，营造了盈科人"会工作、爱生活"的和谐氛围，也在无形中增强了对律师的吸引力和凝聚力。

另外，我们对青年律师的培养也可谓不遗余力。不仅在发展中提出了律师与律所共成长的理念，通过建立多层级的架构，畅通了从助理到律师，从合伙人到高级合伙人

（高伙），从权益高伙到股权高伙，从中国区合伙人到全球合伙人的晋升通道，明确了律师的发展路径，还针对律所内45岁以下人员占到75%的特点，提出了"青年兴，盈科兴"的人才战略，让青年律师看到发展空间，看到未来的努力方向和职业前景。

建立影响力的最高境界，是成就他人。特别是在一个团队里，你不需要做到让每个人都喜欢你，而只需要让他们看到你为了"我们"而做出的努力，让他们看到你为了他们的个人成长而付出的坚持，让各个年龄层次的人都能从你那里得到真正的收获，那么你所做的每一件事，都会增加一个让人追随你的理由，从而在认可你的同时，因共同利益协助你自然而然地做出所需要的改变。

真正的影响力不是说出来的，而是做出来的，它的树立需要一个循序渐进的过程。这个过程刚开始时可能会走得比较艰涩，但随着领导层次的稳步提升，这种气场的传播速度会越来越快，效果也会越来越好。

▼

第 五 章

允许
一切发生

▼

是危机也是绝处逢生的最佳时机

危机

1. 是危险，也是机遇

任何人的成长之路，都要经历一个不断变化的过程。在这个过程中，我们不仅要面对年龄、心智、知识、阅历等多方面的更新，还要应对外界不断变幻的各种浪潮，比如客观环境的改变、人际关系的调整、角色身份的变化等。相对于稳定所带来的安全感，变化本身即代表着一种未知，而未知背后就有潜藏风险与危机的可能。

出于趋利避害的本能，当意识到危机来临、原有世界的外壳开始出现裂缝时，有些人选择了逃避，将其视为洪水猛兽。尤其对于已经在安稳生活中扎下根的人来说，由于担心原有的生活秩序遭到破坏，外界的任何一点风吹草动在他看来都意味着灾难降临，所以选择将脑袋扎进土里，对身边发生的一切视而不见。然而，这个世界永远不缺少变化，万事万物、每分每秒都在变化中，如果说这个世界上有什么东西会永恒不变，则唯有变化本身。

以律师行业和法治建设为例，随着我国法律环境的不断优化和完善，"变化"几乎成为这一行业的主旋律：从1979 年恢复律师制度到 1992 年开始实行合伙制，从过渡时期的法制到社会主义法治，再到中国特色的社会主义法治，几乎每隔几年就会迎来一次颠覆性的升级换代。

给我留下较深印象的两个重大变化，一个是"16 字令"的变化，从最早提出的"有法可依，有法必依，执法必严，违法必究"，到如今的"科学立法，严格执法，公正司法，全民守法"，让我们更加懂得法治社会的制度和权利；另一个是关于"法制"与"法治"的变化，如果说原来的"法制"是一个静态的概念，讲的是法律的理念和制定，现在的"法治"则突出动态，在原有基础上增加了许多内涵，不仅有立法的概念和条文的制度，还有执法层面的内容、小康社会的实现、法治政府的建设、刑事案件辩护率等，都是法治社会的具体考核指标。

与其他行业相比，律师们在面对变化与危机时的抗压能力总是遥遥领先的。因为如果你不具备迎接一切发生的心理素质，就很容易被这辆飞驰的列车甩下去，而这也是我当初选择这一方向，并几十年如一日对律师职业始终保持新鲜感的根本原因。

不管是面对生活还是工作，我从来不是一个畏惧变化与挑战的人。相反，我最害怕的事情是一成不变。在我看来，变化不是对现有生活的颠覆，而是个人成长的契机，就像玩游戏玩到一个阶段时，会跳出来一个大 BOSS 一样，一旦你扭头逃跑，就会止步于此；而只有勇敢面对，才能在危机解除的同时，完成对自我的升级改造，实现跃迁式成长。

40 年来，我见证了律师行业从小到大的变化。回顾我生命中几次重大的状态调整，几乎都与法律行业的变革息息相关。

比如，从我国律师身份的几次转变来看，1980 年，律师被正式认定为国家的法律工作者，属于国家公务人员；1996 年，《中华人民共和国律师法》（以下简称《律师法》）修改后，律师行业逐渐与市场接轨，对律师的定义变成"为社会提供法律服务"的执业人员；1997 年 10 月，党的十五大将律师事务所定位为中介组织；2000 年，国家取消国办律所，成立合伙制律所，律师这一行业由此彻底告别体制，成为相对独立的社会群体；2008年，《律师法》再次修订，非常明确地规定了律师是指"取得职业证书、接受委托和指定、为当事人提供法律服务的执业人员"。从这一阶段开始，律师不仅仅是法律问题的解决者，而且法律顾问成了各级政府的标配，法律论证也成为政府决策不可或缺的一项规定和程序。

伴随着行业内的几次颠覆性变化，几乎每一次都会有一大批人因无法适应职业环境的剧烈变化而被迫选择"下车"。然而这些变化对我来说，却有着截然不同的意义——我不仅没有被变化吓倒，反而以变化为契机，完成了几次身份上的飞跃——当律师被定为国家法律工作者时，我取得了律师资格证书；当律师行业开始与市场接轨时，我开始走出国办律所，接受市场化的洗礼；当中国加入世界贸易组织、律师队伍迅速扩大、社会法律服务的市场需求逐渐增大时，我正式创办了盈科律所，较早地踏上以专业求发展的创新道路，并带领团队走向更广阔的国际市场。

"让该过去的过去，让该发生的发生"，当很多人震惊于我面对危机时的迅速调整，并将此归因于我强大的内心

活得漂亮

与卓越的眼光时，我想说：其实道理没有那么复杂，只不过当变化发生时，我并不着眼于变化本身，而是将其当作对我的一次提示，让我能够以一个新人的视角发掘出以往忽视的内在潜力。

如今，面对社会上各种创新节奏的不断加快，当你无数次心怀被淘汰的恐惧、抱怨机会缺失、无法摆脱无望的旋涡时，有没有想到过其实你想要的转机早已出现，只是你自己没有发现？

很多时候，成长并不会以真面目示人，而是会戴上"变化"这个面具，我们需要顺应趋势，经历几次思想上的醒悟和行为上的改变，才能分辨出这个面具背后的真相。

那么，当危机产生时，应该怎么想、怎么做，才能完成从"危机"到"机遇"的彻底转变呢？这恰恰就是帮助我们摆脱平庸、实现蜕变的关键步骤。

首先，接受变化的存在和其必然发生的事实，将头脑中的固定型思维转化为成长型思维。

心态决定状态、思维决定行动，行动决定结果。我见过很多这样的年轻人：虽然整天将"成长"与"改变"放在嘴边，但不知是低估了自己的承受能力，还是高估了未知挑战的难度，一旦某些事情脱离了他们的掌控，他们就会立刻显露出退缩的心态——"我不行""算了吧""干不了"。因为他们事先已经将"变化"与"危险"画上了等号，所以选择拒绝看见、拒绝感受变化带来的不安与挑战，这也意味着他们已将成长的机会拒之门外。

相反，对于拥有成长型思维的人，他们眼中的世界则截然不同。因为没有将自己固定在一个特定的状态，所以他们也不会拒绝生命中随机出现的任何可能，而且会给予热情回应。

2019 年，为庆祝新中国成立 70 周年，中央政法委举办了一次"我和政法 70 年"70 秒微视频作品征集展播活动。北京政法系统的很多人积极准备，踊跃参与。作为北京律协的一分子，我也拍了一个微视频，名字叫"中国律师郝惠珍"送去参展，没想到竟然获奖了，惊喜之外，也引发了行业的关注。看到宣传片，有人惊讶地对我说："我真是太佩服您了，思想总是这么明智、超前，我就没看到有您做不成的事情。"其实，我对这样的夸奖有些受之有愧。事实上，这件事并不是我早有预见、主动争取的，而是当时活动公布后就有人来找到我，说要帮我拍一个长 70 秒的短视频，并说"拍你一定能成功！"。我当时的想法很简单："什么短视频？没拍过，你们说我行，那

活得漂亮

就拍呗！"什么内容、什么脚本？我只管说我自己的事，说我思我想。就这样，一段长 70 秒的微视频，概括了律师行业 40 年的发展史。这个获奖作品就是这样诞生的，我不过是其中的演员和讲述者！

生活中，经常有人对我说，跟着郝姐总能遇到一些特别传奇的事情；哪怕是一件小事，都能有着落、有后文。其实，这只是因为我愿意打开自己，以主动或被动的姿态接受生命中出现的一切可能。不断刷新自己，才能成为那个可以创造无限可能的人。有一件事恰恰说明了这一点。2018 年盈科到柬埔寨办法律服务公司，开幕式上，当地时任领导在场见证并剪彩，我代表盈科与领导互换了礼物，后来这位领导又有了新职务，回头看我们当年的合影还是非常有意义的。

其次，当真正的危机出现时，将其当作检验当前工作的试金石，于困境中寻找机会、完成自省。

2020 年后，全球市场受到冲击，律师行业也发生了很大变化，我们对律师道路产生了新的思考。

第一，法律服务行业要想抗住这轮冲击，必须做出改变，比如进一步降低律师执业成本，适应客户的支付能力，推出更好的服务产品等，必须对律所自身的运营管理提出更高的要求；

第二，2020 年后，我们开通了在线法律咨询服务，取得了非常好的反馈，这种线上法律咨询的模式，不仅能给公众带来更多便利，更好地协助其解决法律问题，也是未来发展的一个新的契机；

第三，2020 年后，律师在办公环境、工作方式与协同机制等方面有了新的变化，在可以预见的未来，线上律师事务所很可能会应运而生并得到广泛运用。

越是处在危机时期，我们越不能沉溺于过去的得失，越需要有谋篇布局的前瞻性眼光和在逆境中保持客观的冷静心态。只有这样，我们才能在痛苦的思索之后，走出自我否定的怪圈，冷静面对出现的各种问题并加以思考，在挫折中揣摩到自己的缺点与不足，进而越战越勇，在挑战自我中完成自我蜕变，真正实现转"危"为"安"。

再次，当危机发生时，除了被动接受，我们还必须做到主动创造变化。

当你认为已经走进了死胡同，找不到突围办法的时候，并不一定是真的已经陷入绝境，而很可能只是你在目前已知范围内的方法已经用尽。这个时候，重复旧的行为只能得到旧的结果。如果你换一种思维，让自己突破已知的范围，不断地去寻找新的工具、新的方法，就会进入未知领域，获得新的结果。

这些年来，我一直处在变化的状态中，从"郝会长""郝主任""郝书记"到"郝律师""郝大姐"，我的人生格言就是"生命不息，创新不止"。这里所谓的"创新"，并不是随意地盲目采取行动，而是当成长陷入停滞时，能够主动创造变化，主动创造成长的契机。因此，相比于思考"我已经拥有了什么"，我更习惯于去思考"我还能做点什么"。即使在未知的海域里隐藏着危险的暗礁，我也有足够的心理准备去面对可能失败的结果。这一特点，也成为我一路走到现在的重要推动力量。

最后，还是要送给所有年轻人一句忠告：不要退缩，不要恐惧，将生命中出现的一切视为最好的安排。我相信你可以摆脱客观环境的不利影响，果断地选择正确的方向；我相信你可以在危机面前保持理性思考，并将它作为应对各种不确定性的利器；我相信你可以拨开眼前的迷雾，拥有发现机遇的勇气和信心，最终获得自我突破。

因为，恐惧是思考的天敌，不管你现在的处境有多糟，改变它们的唯一方法就是改变你的想法和观念，这样，你才能一步步达成你想拥有的无悔人生。

2. 转型就是成为自己

如果说 30 年前人们第一次通过电视接触了普法信息，第一次记住了"郝律师"的名字，那么在 30 年后的今天，人们又一次看到"郝律师"活跃在公众平台上，则是通过手机短视频的形式。

2020 年 4 月 10 日，我以专业律师的身份，率先开设了短视频抖音账号，发布普法视频、解读法律热点，同时对生活中一些常见的法律问题进行科普。没想到，在短短 18 个月的时间里，就吸引了 400 万粉丝的关注，发布的普法视频播放量超 6000 万，累计获赞 2487 万。作为一个首次尝试短视频自媒体的新手，又没有进行任何公开的营销宣传，能够取得这一成绩着实出乎所有人的意料。从那以后，每次外出参加活动，我又有了一个新的身份，被叫作"网红律师"。

虽然我自己并没有对成为"网红"或"大 V"有任何感觉，但我的这一举动却在外界引发了一些猜测——"这么大的'咖位'还转型录短视频，是想出名？想营销？还是想赚钱？"

其实，类似这样的议论可能很多人都有亲身体会。虽然目前的生活不是自己想要的，自己也想在生活中做出什么改变，想接触一些以前没有尝试过的领域，然而还没有迈出第一步，就被原有人设限制住了脚步；只要身份稍微有所变化，似乎就会涌出各种阻力，要将你按回原来的位置上，不允许你越"雷池"一步。久而久之，自己那点想改变的心思也逐渐退缩，不再存有任何"非分之想"。

这可能又是我与其他人的一点不同之处，与同龄人普遍的"三段式"（上学、上班、退休）的人生轨迹不同，我一直觉得我的人生是多段式的，而且呈阶梯上升趋势。这些年一路走来，写在我名字后面的称谓，已经随着我从一种身份跳到另一种身份而变换了好几个轮回。其间，几乎每一次在新领域的尝试，除了会收获一些惊讶的目光，被给予"你太有精力了，太厉害了"的赞美，更多的则是被人质疑，认为我这样做是"瞎折腾"。

毕竟，在很多人的传统认知中，"转型"一词似乎总与"被迫""无奈""危机"等消极词语联系在一起，如果不是生存不下去，谁又愿意耗时耗力，冒着风险离开原本的舒适圈，走到一个陌生的领域重新开疆拓土呢？

所以，面对"转型"这一重要的人生议题，很多人的第一反应会觉得跟自己没有关系，那不过是个别人在遭遇危机后的被迫自救。即使他们真的到了不得不为之的地步，也多半会掺杂着惊恐与焦虑的情绪，更别提主动选择更换赛道、重启人生了。然而，以上种种关于"转型"的错误认知，正是很多人只能从平庸做到优秀，却无法从优秀跃迁到卓越的重要原因。

▶ **错误认知一：转型只是个别人在遭遇职场危机时的无奈选择。**

首先，从时代发展来看，随着各种新技术的迅速普及和应用，新技术对个人专业知识与技能提出新的要求，传统职业也在不断发生更替消亡（有机构预测，10 年后全世界将有 8 亿人会因为人工智能而丢掉自己的工作）。很多人会因此不止一次地经历职业转型；其次，人类职业生涯的延长，使人们会在人生的某一阶段重新思考自己的职业路径，以满足不同阶段的心理需求。

因此，转型并不只是一小部分人的无奈选择，而几乎是每个期待卓越的人在成长道路上都会遇到的必然问题。思考一下：面对这样一个充满不确定性的未来，你是否依然有足够的信心，认为自己会是那个永远不会被淘汰的幸运儿呢？

▶ **错误认知二：转型失败是因为没有找到合适的发展方向。**

有些人为何走不出、走不好自己的转型之路？为何在重新规划自己人生道路时感到恐惧、焦虑？其实最根本的原因不是你没有找对方向，而是你没有找到自己。

以我转型拍摄短视频为例，看似是一个非常突然的决定，但实际上这一想法的源头，却是我对律师这一职业的深层思考。在我看来，与其他行业相比，律师虽然也是一个养家糊口的职业，但不同的是，它还肩负着匡扶正义的社会责任，具有公益性和政治性的属性。尤其对我来说，"律师"这个称谓，不仅是我一生的事业所在，更寄托着我一生的愿望和我对法律的感情。因此，在从事律师职业时，就不能只考虑单纯的商业行为，更不能只为了赚钱赚名，相反，只要社会有需求，就要责无旁贷地去做好。

其中，坚持做好法治宣传就是律师的一项重要社会责任。如今，随着人们法律意识的不断增强，对普法的内容和形式都有了更高的要求。记得 30 年前，我第一次去电视台做节目，当时普法的目的只是让老百姓知道要"有事找法，有事用法"；后来，伴随着"一五"到"八五"的普法，法治宣传范围不断扩大，开始了从"知法"向"守法"的进一步深入；如今，我们的普法宣传除了有向大家普及法律意识的目的，更是提升国家治理能力现代化水平的一种手段，通过普法宣传，促进全民素质以及法律意识的提高，来推动法治国家的实现。

为此，我作为一名资深律师，更要在做好律师本职工作的基础上，肩负起普法宣传的重要责任。那么，如何在新时代将普法宣传工作落到实处，如何用百姓喜闻乐见的方式和手段去提高法治宣传的最终效果呢？

只有拥抱新时代、拥抱新变化，才能跟上社会的创新浪潮，不被时代抛弃。在这个过程中，既要有"老本儿"，还得创"新功"。就这样，在经过一番调研后，我将目光投向了新媒体，也就是年轻人聚集的短视频平台。

利用当下流行的短视频形式进行普法宣传，不仅有助于在全社会推进普法创新，构建"尊法、守法、用法"的社会氛围，传播法治精神，提升全民法治素养，共建和谐法治社会，同时也达到了服务大众的目的，符合人们的需求，这是其他任何一种普法方式都难以企及的。而且对我自己来说，到了如今这个年龄，我也愿意去进行一次新的尝试和突破。

基于以上几点原因，我毫不犹豫地开通了短视频平台

活得漂亮

抖音账号、快手账号、微信视频号、"帆书"讲课等，并一直坚持更新到现在。截至目前（2024年7月），我已经累计发布了1500多条短视频，帮助无数人走出迷雾，拿起法律的武器去捍卫自己的权益。就目前的结果来看，这次转型的效果还是相当不错的。

以我过去几次成功转型的经历来看，不管是做律师、做电视节目主持人、创业开办律所，还是录短视频做自媒体，每一次的转型之路，我都走得相当坚决和笃定，外界的评论或非议都不会对我造成影响。之所以拥有这样的笃定，是因为我内心始终有一条行动的主线，不管我的道路如何变化，但目标始终如一，那就是：为了接近那个更加理想的自己，而不是被外界裹挟，披上不属于自己的外衣。

▶ **错误认知三：转型最大的动力是升职加薪。**

一颗种子要想长成参天大树，必须经历破土而出、茁壮成长、枝繁叶茂等一系列成长阶段。同样，一个人的职业发展，也要经历生存、发展以及自我实现这三个阶段。

首先是生存阶段。生存，即意味着没有太多的资源，也没有太多道路可供选择。比如我的第一份工作，虽然已经是那个当下最好的选择，但由于当时对自我的认识不足，加上外界环境对人们认知的影响，在经历了很长时间的探索之后，我才意识到那并不是我内心真正想走的道路，所以，在稍稍解决了生存问题之后，我才第一次根据自身的发展需要，开启了自我探索和职业转型的初次尝试，并以此踏上了自己的律师之路。

其次是发展阶段。进入律师行业后，我从一个律界新人做起，从对业务的生疏发展到游刃有余，直至进入职业的高速发展期，也就是从专注到专业再到专家。然而，随着律师行业的变革浪潮一次次涌来，有些朋友选择了离开，我也由此开始了第二轮的转型思考——"我是谁？""我要成为谁？""我真正想做的事业是什么？"并以此为动力，再次迈出了自己的舒适圈。

最后是自我实现阶段，自我实现也正是我一直持续行动的动力之源。从心理学上来说，自我实现作为人类追求幸福的最高层次，是个体在追求自我发展和成长的过程中，不断地实现自身潜能，并且达到自我满足的状态。要想达到这一状态，就意味着热爱与事业的重合。对我来说，转型也是一种自我实现的方式，比如这次我在短视频平台上的尝试，通过不断发掘自己的潜能，一步步接近自

活得漂亮

己的目标，一步步成为理想的自己。

以我数次转型的经历来说，转型的过程并不全是愉快和幸福，一定会遇到不愉快甚至很痛苦。就像毛毛虫必须经历痛苦才能破茧成蝶一样，一个人的转型之路，从念头萌芽到反复自我怀疑，再到离开熟悉的环境，并不能立刻让你升职加薪，走上开阔明朗的成功大道，反而意味着你需要告别过去、跨越迷茫，突破自己固有的思维和行为模式，重新经历、学习新的专业知识和技能，才能实现自我的重塑。这个过程可能会非常漫长，也可能无法在短时间内给你带来预期收益，如果没有强大的内在动力作为支撑，仅仅是被外在光鲜吸引，就很难坚持到底。

当你在某一天意识到转型时刻的到来，并因此感到焦虑和恐惧时，不要担心，因为它通常也会成为你人生转折的必经之路。

与其在焦虑中被迫等待那一时刻的来临，不如主动开始自我探索，跳出过去的重复循环，不断寻找自己与这个世界互动交流的新渠道。只要你具备了足够的勇气去响应内心的召唤，勇敢面对真实的自我，即使面对未知，依然勇敢前行，那么，你就已经接受了人生的挑战，获得了从优秀到卓越的入场券。

3. 讲好转型故事，实现真实蜕变

你曾经在什么时候，第一次意识到自己有转型的想法？

可能是在你精疲力竭却不得不去上班的那一刻，可能是你付出了极大努力却仍然原地踏步的那一刻，可能是你兜兜转转仍无法获得内心安宁的那一刻，可能是你半夜醒来不甘心人生就这样留下遗憾的那一刻……这个转变的契机可能源于一个戏剧性的重大事件，也可能来自一件微不足道的小事，但却像在黑暗中突然被一支点亮的蜡烛照亮了以往看不见的幽深角落，让你突然强烈地产生了做点什么的想法。

有这样的想法固然是一件好事。不过，我对此还有一句忠告，那就是：不能为了转型而转型，只有找到正确的转型姿势，才能以一个优美的姿态稳稳地落地。否则，就像我见过的太多失败的例子一样，有的人根本没有考虑清楚自己是否具备转型的条件，甚至仅仅因为看到了几个所谓的成功案例，就一头扎了进去，结局自然是得不偿失，而且这样的例子不在少数。

这也是很多人劝诫年轻人转型要慎重的原因之一，如果没有了解到这两个字背后所蕴含的真正意义，只是盲目地从一个领域跳转到另一个领域，看似呈现了一种"进步"的状态，实际上走的却是下坡路。然而，之所以会出现转型失败的结果，并不是转型本身的方法有什么问题，而是其自身对这一方法的使用出现了偏差。

这就需要提醒所有即将转型或正在转型路上的年轻人，如果你现在恰好因为某些原因冒出了转型的念头，那么在你打算正式付诸行动之前，不妨对照以下问题检视一下自己内心的真正想法。就像在雕琢一个雕像前先要打好草稿才能保证自己落下的每一刀都能精准到位一样，只有先做好转型前的准备工作，才能讲好转型故事，同时也会让你一步步更加接近你真正想成为的自己。

▶ 问题一：你产生转型想法的动机是什么？

关于这个问题，最普遍的答案可能是：想赚更多的钱、想提升社会地位、想换一种生活方式等。这些理由看似无可辩驳，但问题是，如果你是因为以上的外力因素而想换一个赛道，以期过上更好的生活，那么你有没有想过，一旦出现意外情况，导致这些外在动机突然消失了，又该怎么办呢？

比如，有些人看到别人辞职去旅行，自己头脑一热也跃跃欲试，结果真正上路以后，才发现和自己想象的完全不是一回事；再如，看到别人在网上做自媒体突然爆火，自己也跟着去做，结果短视频的风口一闪而过，自己很快又陷入新的迷茫之中。

一次转型的成功，并不是一夜之间从 A 到 B 的迅速转换，而是一个不断尝试、不断接近的过程。因此，在决定进行下一步的行动之前，你一定要明确自己的转型动机，是内在驱动还是外在驱动？明确自己的心理状态，是否在压力、焦虑等外部因素的催化下做出了冲动的决定？明确自己想要成为什么样的人，以及这一行动是否能帮助你离理想的自己更近一步？只有得到了以上问题的正向答案，才能进入下一阶段。

▶ **问题二：现在是不是你转型的最佳时期？**

无论想做成什么事情，都不能只靠一腔热血，只有集齐天时、地利、人和等几大要素，才能最大限度地提高成功的概率。比如，前几年做短视频正赶上行业红利期，流量大、竞争少，即使普通人也很容易通过打造自己的特色得到流量扶持，实现脱颖而出。但如今这片领域已经成为一片红海，投入大、见效慢，如果不是拥有远超平均水平的创意和运气，很难在短时间内做出成绩。

在这里，我提醒大家注意转型的最佳时期，不是泼冷水，而是希望大家看到看似风光的转型背后存在的风险与不确定性，尽可能降低这一选择的试错成本。

从时间上来看，人生有三个适合转型的黄金时期。

第一个黄金转型时期是在 25 至 30 岁，这个阶段也经常被我称作"试错阶段"。对处在这个阶段的年轻人来说，转型成本低、可塑程度高、选择空间大，可以大胆去自己感兴趣的领域一探究竟，即使最后发现不适合自己也可以迅速抽身。

第二个黄金转型时期是在 35 岁前后，不管当初你选择的是哪一领域，大概都已经积累了一些经验，这个时候，如果可能的话，选择在经验范围内转型发展，可能会让你的努力事半功倍。

第三个黄金转型时期是在 40 至 45 岁，这个时期我更想称之为"第二自由选择期"。这一时期虽然没有 20 多岁那样有大把的试错时间，但拥有了更多的财富积累与阅历、经历的加持，可供选择的方向和道路同样非常多样。

一般来说，这一时期的转型可以分为两种情况：一种是向行业外转型，对于已经实现财富积累而又想实现真正人生价值的人来说，可以利用这段时间重新思考自己的心之所向；另一种是在行业内转型，以更高阶的职务需求为目标，实现阶段性跃迁。

总体来说，30 岁之后的职业转换，除非有和我一样的坚定信念，拥有不得不做的理由，否则最好不要与过去的职业经历发生太大的转换。建议可以在保留本职工作的基础上，发展相关副业渠道，这样可以既能避免跨行转型的成本损失，也能以最小的代价去寻找新的自我。

在这个过程中，如果真的明确了自己真正想做并能够持续投入巨大热情的事情，能够让自己从"别人想要我成为的样子"变成"自己真正想成为的样子"，那么就勇敢地去做吧，在你明确目标的那一刻，就是你转型的最佳时机。

▶ 问题三：你转型的优势和局限性是什么？

每个人成长发展的背后，都有一个重新认识自我、定义自我的过程。从这一角度来说，转型就是一个契机，通过改变我们与这个世界的互动方式，让我们能够从既定的人生轨迹中解脱出来，从一个被动的接受者向实现自我价值之路进发。

这一过程不可能一蹴而就，而是需要经过一些尝试和调整，才能抵达终点。为了缩短抵达终点所花费的时间，我们一方面要坚持向内探索，另一方面也要善于从自己的优势项目出发，让转型之路走得更通畅。以我自己为例，因为我从很早就开始接触媒体，也参与过《社会经纬》《今日说法》《法律讲堂》《钟鼓楼》《法制进行时》等法律类电视节目，在镜头前的经验比较丰富，所以，做短视频或直播对我来说是轻车熟路，这就为我这次在新媒体领域的尝试提供了便利条件。

此外，要想顺利走好自己的转型之路，还要建立一种底线思维，了解自己的局限性究竟在哪里，并有意识地进行规避；即使是在成为自己的路上，也要做到有所为有所不为。

以律师行业的营销为例。在新媒体时代，律所及其律师可不可以进行营销？这个问题的答案当然是肯定的，从本质上来说，营销也是一种经营。对于律所而言，可以通过法律服务、品牌宣传等方式塑造品牌形象；对于律师而言，可以通过多种形式来打造个人 IP，寻找律师案源，这无论是对律师的个人发展还是律师业整体而言，都有着积极的作用。

在我看来，营销产生的影响也是一种生产力，所以在工作中，我会鼓励大家通过多种渠道去展示自己的专业形象。但有一点我总是强调：律师在营销自己的同时，一定要坚守自己的原则与底线，做到有尊严地营销，而不是推销。

没有底线的追求可悲，没有底线的宣传可耻。对于律所来说，律所营销的内容，一定要建立在成熟的律师团队（有精英律师、丰富经历、成功经验）的基础上，而不是扩大宣传、虚假宣传；对于律师个人，一定要按照学懂、弄通、做实的要求，深化学习教育和宣传，牢牢把握正确的政治方向、舆论导向以及价值取向，建设具有强大凝聚力和引领力的意识形态，处理好个人营销与律所品牌维护的关系。只有始终怀有一颗初心，始终怀有一份敬畏，才能打开机遇的未来空间，找到展现人生风采的舞台。

▶ 问题四：你是否已经放下了对转型的不合理期待？

人生的每一次身份转换，都需要经历一段缓冲期，这个时期可能很短，也可能很漫长，需要我们提前做好心理准备，以应对各种突发事件。以我来说，我曾经为了完成从普通新人到专业律师的身份转换，用了整整 10 年；现在，我从一个直播新人到积累 400 多万粉丝，持续做视频，也已经坚持 4 年了。在这 4 年里，有很多和我同期注册账号的人都已经停止更新视频了，但我仍然坚持着。

有过自媒体从业经验的人都知道，要做到持续地输出内容，并且保证每期都有高质量的内容分享，到底有多难。更考验耐心的是，即使能做到坚持和用心，也无法保证每条视频都能做成爆款，达到快速涨粉的结果。更多的时候，精心制作的视频发出去没有任何水花，持续半年都没有什么起色，甚至还会出现"掉粉"现象。很多人的转型激情就是在这种反复拉扯和等待中被不断消磨，最终草草收场。

不过，因为我在开始做这件事之前，就已经放下了两个不合理的期待，一是速成，二是无损。虽然每天工作很忙，但我总会抽出时间去找选题、做策划，坚持每天更新一条视频，让账号始终处于活跃状态；如果时间允许，我还不定期地直播，挑选一些社会热门事件，比如劳资争议、合同纠纷、彩礼返还、非婚子女抚养、农村出嫁女土地政策等受众广泛的民生话题，以及从法律层面对电视剧中的热门剧情进行解读分析。即使在最初艰难爬坡时，遇到很多来自内部与外部的阻力，我也坚持按照我自己的节奏持续进行，这才终于达到了从量变到质变的根本转变。

因此，当有人向我咨询关于转型的问题时，我会在最后向他们反复确认一个问题：关于这个决定，你是否已经做好了最坏的思想准备？

毕竟，允许一切发生不等于放任一切发生。当与危机狭路相逢时，有勇气去尝试另一种人生体验不等于盲目冒进，更不能仅凭运气就冲动上路。只有在做出决定之前将所有的因素考虑周全，才能在跨出第一步后做到不犹豫、不后退。否则，别说成为更好的自己，恐怕连已有的都要失去。

4. 从做对到做稳，找到交汇点做出靠谱选择

不管基于何种原因，一旦在内心确定了换一种生活、换一个赛道的想法，就说明在你的内心深处已经对现有道路或方向产生了质疑，不甘于一直停留在现有的位置上，

而渴望获得更精彩、更有价值的人生。这种念头一旦产生，即使因为对未知的惧怕被强行打压下去，也会在某一时刻迅速卷土重来。

对此，我的建议只有一个：相信你的直觉。很多时候，你的身体会比你的头脑更清楚你想要的到底是什么。

当你想判断某项工作或某种环境是否与自己匹配时，一个最简单的判断方法就是观察自己在做这项工作或身处某个环境时，内心是否能感到一种充盈的喜悦或创造的快乐，还是会感到某种说不出来的别扭、压抑。如果你的答案是后者，那可能是身体对你发出的求救信号，提醒你该停一停，重新审视自己的成长方向是否已经偏离了正确的轨道，并及时进行调整，才不会在错误的路上越走越远。

当然，相信直觉并不等于意气用事，正如我在前面所说：不管在什么时候，转型都不是一件仅凭头脑一热就可以付诸行动的小事，而是职业发展中一个风险最大、成本最高的冒险，所以一定要在行动之前最大限度地做好风险管理，尽量减少判断错误的情况发生。

比如在转型道路的选择上，如果你已经通过阅读前面的内容，清晰地了解到自己的内心想法，知道自己"为何转型""何时转型"，并完成了对自身能力的客观判断，那么才可以进行下一步的深入探讨，即：如何转型才能精准命中目标，在最大限度内完成个人能力与职业发展的完美匹配，实现收益最大化？以下几个思考方向，可能会给你带来一些不一样的灵感启发。

方向一：找到个人能力与时代发展的交汇点。

我在决定成立盈科律所时，其实就想做两件事：第一，我愿意做一件我自己从没做过的事情；第二，我想靠自己的本事，做一件与众不同的事情。然而，办律所不是一个人的事情，不仅要有情怀，更要有谋生的能力。正如盈科的"盈"字所代表的"盈利"思维，我希望这个律所能够实现利润与理想的双重收益。但是如何实现呢？

在创办盈科律所的初期，正是中国加入世贸组织不久，刚刚对外打开中国市场的关键时期。得益于中国放开外商投资企业的对华投资政策，有大量的外商企业开始将中国作为自己的投资目的地，对涉外法律服务的需求也急剧增加，需要大量涉外律师团队向其解释中国的投资政策并起草法律文件，作为外资企业投资中国和了解中国的窗口。

感受到法律行业的这一新兴大势，结合自身的业务优势，我们盈科律所刚刚成立，就首先提出了一个宣传口号，就是实行"走出去"战略，重点发展涉外业务。不过，由于当时中国刚刚开放外商投资，整体的涉外业务并不多，盈科要想有所发展，就必须打出去做。

为了让更多的人知道我们的这项业务，我们做宣传的第一步，就是在当时的《北京法制报》上开辟了一个专栏，叫作《涉外服务》。还专门配备了一个熟悉涉外业务的专业律师，不管是报纸还是电视台的来电，只要是有关涉外业务的问题，都由他来为大家提供专业答疑。

2002 年，也就是盈科律所成立的第二年，我们当时的主要合伙人就参加了国际律师协会在南非德班的年会并加入了全球律协的专业委员会，争取机会与全球律协接轨。也是在那次全球律协的年会上，我们提前准备了一篇宣传材料，里面详细介绍了中国的投资环境以及盈科律所主项业务，尽量用言简意赅的文字，让大家知道"我们盈科能为你们做什么"，然后将这一材料打印成一个宣传页，分发到每个人的座位上。可惜当时我的英语水平不行，否则我可以直接与他们交流，相信宣传效果会更好。不过，仅仅依靠这些非常简单朴素的宣传手段，因为盈科的业务符合了当时的时代发展潮流，很快便打出了名气。一提涉外，人们第一时间就会想到盈科。当然，我们盈利的目标也在这一过程中顺利实现了。随着对外开放的不断扩大，我们今天又提出了打造"盈科一小时法律服务生态圈"的理念，为海外华人提供服务。

之所以如此水到渠成，一个重要的因素，就是我们正好踏上了加入 WTO 和一带一路的发展步伐和时间节点，能够始终跟着国家战略走；同时也搭建了一个平台，让我们有机会与国际领先的律师事务所和律师进行交流、沟通，以此借着时代发展的东风，做出了事半功倍的选择。

方向二：找到未来道路与专业、兴趣的交汇点。

在很多人的想象中，一个标准的转型之路应该是从众多可供选择的道路中选择一条看上去最宽广、前景最好的。但实际上，当最初的稳定被我们亲手打破，到底选择往哪个方向走，不是一道选择题，而是一道填空题。

面对人生的旷野，选项太多就意味着没有选项。不管你的决定是什么，都可能对自己的决定产生质疑，因为很难确定哪个选项是最好的，所以担心自己再次选错或错过了更好的机会，这种对未知损失的厌恶心理，会在无形中使我们的决策过程变得更加复杂，使很多人患上选择困难症，迟迟无法下定决心。如果你正好卡在这一步，此时需要做的，不是继续沉浸在信息的汪洋大海中反复对比，而是缩小范围、简化选项。

比如，我们在创建律所的初期对业务的选择上，除了着重发展涉外服务，还根据当时几个合伙人的专业方向，择定了几个业务领域。比如，由一个合伙人专门负责做境外的蓝筹股上市，另一个合伙人专门负责做知识产权方面的业务，我因为当时已经在婚姻家事领域积攒了一定的知名度，就以民商事作为我的优势项目，还有一个合伙人负责刑事业务。就这样，我们各展所长，从自己的专业、经验与兴趣出发，深入挖掘各自与现有业务的交汇点。

以我们在知识产权领域的发展为例，当时比较流行的一种娱乐活动是唱卡拉 OK，属于未经允许使用他人的歌曲盈利，造成创作人权益受损。但当时法律对音乐著作权的保护力度不够，于是我们便与版权局和香港唱片协会一起发起了音乐著作权的维权行动。

从 2003 年到 2004 年，我们每天派人到各大卡拉 OK 厅进行调查取证，并联合香港几大音乐平台一起，成立了音乐著作权的维权联盟，将全国 220 家律所都发展成了我们的联盟单位，在这一领域做得风生水起。可以说，这个领域的维权就是我们律所做起来的。后来，因为我们在这一领域做得太好，还因此招致某些律所的嫉恨，在上海起诉我们垄断经营，当然最终结果是我们胜诉。

善于从自己的优势项目出发，让你的转型之路走得更通畅，完成从"做对"到"做稳"的完美过渡。对于个人发展来说，这一道理同样适用，尤其在职业转型之初，选择从自己熟悉的领域入手，将职位选择与自己的爱好、特长等结合起来，找到二者的交汇点，可以让你在实力尚弱的阶段，节省很多重新探索的力气；等到在新领域站稳脚跟后，再逐步去尝试，去体验更广、更新的方向，成功实现"无痛切换"。

方向三：找到个人发展与未来规划的交汇点。

转型这一话题，其实并不是年轻人的专属，而是贯穿我们一生的重要课题。我认为一个人不管活到什么年纪，都应该与时俱进，时刻准备挑战新事物，不能与时代脱节。对于个人的成就，不仅要有"老本"，还要创"新功"。比如我之所以选择做短视频、做直播，除了前面提过的公益性宣传的考量，还有一个特别简单的想法，就是为以后的退休生活做准备。虽然我目前自认为身体状况良好，无论是接待当事人还是开庭，都能亲自处理，但等到我80岁甚至90岁的时候呢？随着生活中有关工作内容的逐渐减少，我的生活方式必然也会随之调整，那时，如果我还想发挥余热，再创造一些价值，应该做些什么呢？

基于这一需求，我当时考虑了两个方向，一个方向是开一个情感工作室，从"郝大姐"变成"郝奶奶"，将法律问题与心理知识结合在一起，与有情感困惑的人谈谈心，不仅很有意思，做起来也轻车熟路；还有一个方向就是在视频平台上和大家做一些普法交流，为自己建立一个"蓄水池"，即使以后变成了一个银发老太太，我也有一个可以和大家交流的渠道，既不费力也不觉得乏味。因此，在综合考虑之下，我最终选择了利用视频的形式与大家交流，至今反响也还不错。

　　这就是我考虑问题的思维方式，尤其在对未来进行规划时，我的习惯永远是"走一步看两步"。虽然我现在正在做的是 A，但 A 并不是我的最终目的，而仅仅是我通向 B 的前奏。这样提前规划的好处就是，能够未雨绸缪，在问题尚未产生之时提前想好解决方案，相对于没有计划地走一步看一步，我这种思维方式可以让你在通往优秀的道路上走得更快、更稳。

　　基于人们在不同成长阶段的不同规划，转型成为很多人不断自我修正、自我完善，不断逼近目标的必由之路。然而，作为一个重要的人生决策，你的这一决定也会同时伴随着无法避免的未知风险。以上建议或许可以给你带来一些提醒和启发，让你在成长过程中少踩一些坑，少走一些弯路，最大限度地减少盲目转型带来的二次伤害。

5. 聚焦当下可实现结果的关键领域

要想走出一条比较完满的成长之路，选择和努力到底哪个更重要？

不同的人对这个问题有不同的解读。之所以不能达成共识，是因为这一问题对于不同层次的人来说，本就有截然不同的答案。

如果你只想获得一种普通意义上的成功，不管对自身还是对未来都没有探索的热情，也没有对成就的强烈渴望，那么，仅靠在一个方向上的坚持和努力，就能使你走到目标位置。频繁转换方向对你来说，不仅不会成为你人生跃迁的踏脚板，反而会变成一种负累。相反，如果你想追寻的是一种不可替代的价值，并拥有摆脱平庸、创造卓越的强烈认知，渴望创造一种理想中的生活，那么，选择一个什么样的方向去努力就显得至关重要了。

从这个角度来说，一个人会选择什么样的答案，可测试出其对成长的定位以及自我认知的深入程度。

有一些年轻人因能力与现有境况不匹配而讨论转型问题时，一边想转型，一边又担心自己这样想是不是太过浮躁、不够稳定，对自身产生怀疑。我想告诉他们——其实大可不必。通过前几节的内容，你对自己的转型动机、转型时机以及自身能力、潜力等都进行了深入思考，如果你仍然想要有所挑战，遇到问题不是被迫采取逃避行为，而是尽量为自己以后的努力寻找一个可靠的支点，那么通过转型重新规划自己的人生方向，才能让你的坚持发挥最大的价值。

所以，我一直不赞成"要验证你是否适合一项工作，至少需要三年"这样的观点。在我看来，明知目前不是自己想要的生活，还要闭着眼睛一条路走到黑，非但不会增强你的核心竞争力，反而会让你因为沉没成本的逐渐累积而越来越无法做出离开的决定；即使勉强离开，难度也会成倍增加。

为了避免陷入这种两难局面，最简单的解决办法就是随时保持一种警醒的状态，尤其在刚踏入社会的前几年，一旦发现目前所选择的道路与自身的发展规划不匹配，即使无法立刻做出转型的决定，也要在内心给自己设立一个警戒线，在规划的时间内大胆设问、小心求证、积蓄能量、等待突破。在转型之前，给自己留出一些缓冲时间，去思考"我真正想做的是什么""我真正想要成为的是什么"，通过不断追问，帮助自己完成向内探索的过程，才不至于在危机来临时太过恐慌。

一旦时机成熟，所有的答案都从疑问变成肯定，就可以将所有分散精力的其他事务全部剔除，转而把全部注意力聚焦到真正可以实现结果的关键事项上。

当你完成了上述步骤，你就已经成功跨越了转型的第一阶段，也是最难的阶段。不过，这并不能说明你就因此摆脱了危机，成功"上岸"了。当"选择"这一步告一段落，"努力"与"坚持"在成长中的重要性就会直线上升。用一句话来概括：选择什么方向，可以决定你能走多远；但在选择之后，你的坚持程度却可以决定你能登多高。

与简单的"跳槽"不同，很多人在转型之后需要面对的，是一个经验和能力双双清零的艰难开局。比如我在进入律师行业的初期，面对当时的这一"新兴行业"，我不仅需要解决自身在经验与技术方面的准入危机，还要直面行业本身的缺陷与不足，踏上一条还没有建成的新路。这就意味着，你不会有成熟的经验可借鉴，甚至还要经历很多"劝退"的危机时刻。但我从来没有想过半途而废，而是选择与中国的法治建设一起前进，并因此创造出很多从无到有、从 0 到 1 的历史性时刻。

前段时间，我去参加了第十一届中国婚姻家事法实务论坛，这个论坛从 2013 年开始，如今已经有 11 个年头了，不仅初步搭建起法律职业共同体跨界研讨交流的平台，形成了良好的研讨氛围，而且对婚姻家事法的实务和理论研究，特别是对司法实务界对婚姻家事问题的研究及解决都起了重大的推动作用。然而，关于这一论坛的发起，也颇费了一番周折。

由于婚姻家事领域的特殊性，这个领域的案子有两个特点，一是内容多、案子多，二是实务问题先于法律，需要研究的问题也多，基本上每年都有新情况。但是立法具有滞后性，很多问题只靠个人是完全无法解决的。那么，这些问题应该如何处理呢？讨论之后，我们决定通过论坛的形式，让法官、检察官、公证员，以及立法、执法单位的人都加入进来，大家一起对当前感到困惑和不确定的问题进行探讨，目的就是大家统一思想，商讨出一个解决方案，并在实践中落实。

于是，就在 2013 年，我任朝阳区律协副会长期间，与当时的婚姻家事委员会副主任杨晓林一起组织了这个论坛。

举办论坛，事务性工作很多，如会议通知、场地、论文、住宿等，更重要的是还有经费问题，但我们克服了困难，每年都有新内容、新话题。

就这样，我们坚持将这个论坛做了下去。到 2024 年已经是第十一届了。随着时间的推移，它的影响力也在不断扩大，参与的人数每年都创下新高，而且也成了一个品牌。

回想第一次作为副会长在论坛上致开幕词，当时我是这样说的："我今天坐在这里非常欣慰，因为这个领域的发展，我是见证人。最初专业委员会成立的时候，参加婚姻家事专业委员会的委员绝大部分都是女性，但我今天站到这里，可以看到下面有一半都是男性。不仅如此，我们现在还集聚了家事法执业共同体中的立法者、学者、法官、律师、调解员、公证员、妇联干部等多个界别的代表，在这里齐聚一堂，共同交流、探讨法律问题，真正让我在这一领域看到了百花齐放、百家争鸣！也印证了'家是最小国，国是千万家'的道理"。

我当时在说这番话的时候，真的是非常有感触。这些年，不仅是法律行业成就了我，我也通过实际行动推动着行业的发展，彼此促进，彼此成就。因为我有"足够的热爱"为前提，所以可以源源不断地投入自己的热情和创造力。保持持续聚焦的专注度，就不会因为某一方面的困难而轻言放弃。

如果你能完成这一步，你的转型进度就已经达到了90%。然而，中国有句古话，叫"行百里者半九十"，即使离成功只有一步之遥，还是会有很大可能遭遇转型失败。造成这一后果的最大元凶，就是无法克服因短期内不能实现收益而产生的焦虑情绪。因为太想向外界证明自己的决定是正确的，总觉得自己提升得太慢了，结果用力过猛，欲速则不达。

这并不是个别现象，而是几乎在每个转型者身上都或多或少地存在着的焦虑，这是身体在面对危机时表现出来的本能反应，我也曾对此深有体会。然而，如果放任这种情绪长期存在，就会像在一个饱满的气球上扎了一个小孔，无形中偷走我们的精力，让我们无法调动全部能量去聚焦难点、实现突破。为了缓解这种焦虑情绪，你可以试试以下几种技巧，将自己的目光从其他无关事务上收回，重新聚焦在需要关注的事项之上。

技巧一：焦虑的克星是简单，试着把复杂的问题简单化。

很多时候，你之所以会觉得焦虑不安，不是因为你无法解决问题，而是无法接受问题本身，乃至无效地花费了大量的精力将问题妖魔化。面对这种情况，最好的解决办法就是行动起来，将焦虑转化为执行力。

比如，担心失败，就持续行动，不断在失败中积累经验；担心能力不足，就给自己制订一个学习计划，按部就班地去执行；担心内耗，就停止胡思乱想，用一点一点的行动作为灯光，去照亮那个只存在于你想象中的妖魔。随着行动的增加，照亮的区域越来越多，那些曾经占满你思想的垃圾，也会因无人注视而自行消亡。把精力留给真正需要关注的事情，那些曾经困扰你的问题就会在你的行动中迎刃而解。

技巧二：活在未来，而不是困在过去。

也有人担心，如果在转型后出现了后悔、挫败感等负面情绪，应该怎么办呢？

首先，我们一定要分辨一下，究竟是真的悔不当初，还是因为不满于自己的当下状态而本能地想退缩到曾经熟悉的境况之中呢？

不管你过去曾经做出过什么样的成绩，拥有过什么样的习惯，从你决定转身的那一刻起，就意味着你要抛弃所有过去建立起来的光环。这并不是一件容易的事，尤其当你遇到挫折，不由自主地将自己当下的境况与过去的高光时刻进行对比时，那种随之而来的落差与挫败感便会成为滋生后悔情绪的温床。

人生如棋，落子无悔。与其抓着过去那些陈旧的体验不放，不如打开自己，重新以一个新人的身份入局。从心理上完成身份的彻底转变，才能让自己走出过去，活在未来。

技巧三：专注目标，分解任务。

贸然进入一个新的领域，就像进入一片未知的森林，你不知道多久才可以走到终点，甚至会因为眼前的道路太漫长而忘记了自己为何出发。如果想重新找回自己的节奏，一个很好的方法就是，将看上去遥远的目标拆解成一件件可以做到的小事，并保证让自己在一段时间之内只专注于一个阶段目标的完成。

这种方法可以让我们的头脑更加清晰，而你也会因为这些阶段性的胜利，不断获得来自外界的正向激励，从而可以带着饱满的热情冲向下一个目标。

在通往优秀的路上，几乎没有任何一种成长是不带着痛苦的。如果你在这个过程中觉得太苦、太累，也许正说明你在走的是上坡路，而那些看似轻松的下坡路，却往往潜藏着危机。此时，如果你已经踏上向上攀登的道路，那就不要轻易放弃，因为你向上迈出的每一步，都会让你离危机更远、离自己更近。

活得漂亮

第 六 章

▼

服务者
心态

▼

让工作为生命赋能

赋能

1. 因为"赋意"不同而人生截然不同

可以说，工作与我们之间的关系，就像是一面镜子，你如何对待工作，工作就将如何对待你。换句话说，为什么同样一份工作，有人度日如年，每天上班盼下班，还没做什么事就已经疲惫不堪，工作十几年依然拿着糊口的工资，而另一些人却能主动寻找机会，即使付出的努力没有得到回报，依然甘之若饴，进而让工作成为雕刻其命运的刻刀，迎来生命中最有价值的高峰体验？

原因就在于面对工作时的心态不同，前者将工作视为一段为了谋生而不得不经历的苦旅，后者却让工作成为实现生命价值的最佳载体。所以，工作内容即便相同，也会因人而异地呈现不同的价值属性。

因此，每当有人问我"某份工作的意义到底是什么？"时，我都会告诉他们：其实，任何工作本身都不具备任何意义，每一份工作的价值也不是恒定不变的。一份工作能呈现出来的最大意义及最终价值，从来不取决于工作本身，而取决于我们自己对待工作的态度，在于我们赋予了工作何种意义，使之呈现出不同的形态，最终让我们得到不同的人生体验。

那么，究竟应该以什么样的态度对待工作，才能让工作发挥出最大意义，让其中的生命能量流动起来呢？

一般来说，我们在面对工作时经常提到的"良好心态"，可能包括乐观心态、主动心态、感恩心态、忧患心态、主人翁心态等。这样的心态可以帮助我们从"工作就是为了养家糊口"的基本意义中脱离出来，将我们对工作的追求与实现自我价值相联系，同时赋予工作一种更深层的意义，并从中获得成长所必需的成就感和目的感。不过，对我来说，工作的最大意义却不止于此。

40 年前，一部电影《流浪者》让我喜欢上了律师这个职业，知道了作为律师的责任和使命。当时，促使我决定投入这一行业的最大动力，不是这个职业能让我得到多么

　　　　　　　　活得漂亮

高的薪水或过上多么风光的生活，我当时的理想非常简单纯粹，就是想将个人特长、兴趣与职业结合起来，不浪费资源，进入律师行业后，又多了一层即用法律守护每个家庭的温暖，为社会和谐付出自己的一份力。后来，在我考取律师证后，我将工作的重点放在了民商事领域中婚姻家事类案件上。虽然这一领域的收入不高，但在我看来，每个家庭都是社会的细胞，律师如果都能通过自己的努力，让家事纠纷得到更快、更有效的化解，会对推进整个社会的和谐稳定起到积极作用。从这个角度来说，婚姻家事律师所从事的不仅不是只处理"小案子"，而且是一项非常有意义的"伟大的事业"。尤其在处理涉外婚姻家事案件中，我对这一点体会更深。

　　从我的这两次选择中，可能不难发现我在面对工作时所持有的态度，或者说我做出某些选择的出发点，是建立在一种服务者的心态上的——我的这项工作能够为别人、为社会带来什么？对我来说，工作不仅是一份职业，也是一段为他人提供服务的过程，一种为他人提供服务的资源。不仅要实现自我价值，还要将服务精神融入工作中，承担起属于自己的社会责任，向家庭、向社会传递源源不断的正能量。这种社会责任感也是促使我做出每一步选择的关键因素。

可能有些人会觉得：你这样说是不是太脱离实际、太理想化了？什么服务他人、社会责任，都是人们在功成名就后才有余力开展的高尚行为，和我现在一点关系都没有。但事实真的如此吗？实际上，一个人能否突破生命的瓶颈，不断地提升自己的格局和境界，和他从事什么职业、收入如何、处于什么阶段没有什么关系。

哪怕你当下只是一名"打工人"，从事着一份最普通的职业，但如果你能建立一种服务者的心态，从自己承担的社会责任出发，以一种全新的眼光去建立起工作与社会的连接，你也许会惊讶地发现，曾经禁锢的格局会瞬间打开，你的工作不再只是一份简单重复的枯燥劳动，而是你成长的起点。任何工作都可以成为我们为社会做出实质性贡献的机会，同时也会成为最大化地建设自己、利益他人的重要途径。

首先，前进的动力源于社会责任，通过不断拓展身份边界，在行动中发现自己的责任和担当，也是在更大的世界里遇见不一样的自己。

从性质上来说，工作不仅是个人谋生的手段，也是社会整体和公众利益与个人利益的交汇点。不管你从事的是哪种行业，从你踏上工作岗位的那一刻起，就意味着你已经拥有了一个社会角色，会享有一定的社会权利，也要承担相应的社会责任，对于律师而言更是如此。基于这一行业的特殊属性，我认为知名律师与社会名人同属公众人物，其共性就是更在乎社会评价。为此，我全身心地扑在工作中，用专业塑造自己的社会形象。

自 1984 年进入律师行业，从管律师到做律师，到成为知名律师、律所主任、朝阳律师协会副会长、党委副书记、北京市女律师联谊会副会长、北京市律师协会监事、北京市律师协会法治北京研究会主任、中华全国律师协会女律师协会副会长、中华律师协会政府顾问委员会副主任、中国法学会婚姻家庭法学研究会理事、亚洲与太平洋法律协会"一带一路"专业委员会副主席、北京市人大常委会立法咨询专家……除了律师这个头衔，我还担任了很多社会职务，在不同场合用自己的专业解决社会中的实际问题，也在解决问题的过程中体会着被需要的幸福和价值感。

在这个过程中，不管是哪项工作，无论是分内分外，我都会抱着认真负责的态度去对待；不管是哪个角色，我都力求把这个角色发挥到极致。在不同场合，以不同的身份，我用理性和激情诠释着法律的尊严，无论是起草规章、参与立法，还是宣传法律、承办案件，我用行动推动着中国的法治建设。在从律师到专家的成长历程中，我以活力加魅力的精神面貌彰显着社会的责任，也为自己打开了一片更大的天空，释放出更多的能量。

40 年来，我坚持与时俱进、一专多能的专业方向，在法律服务领域辛勤耕耘，以一种服务者的心态履行着自己的社会责任，不仅在婚姻家事专业领域产生了积极影响并做出了重大贡献，被业内公认为"行业领头人"，而且还因此获得了很多意想不到的回报，比如：荣获了朝阳区奥运金奖、朝阳区社会建设与管理人才奖、北京市律师协会优秀律师、北京市优秀律所主任、北京市优秀共产党员、北京市律师协会最佳专业委员会主任、北京市政法委系统优秀党务工作者、北京市三八红旗奖章、中华全国妇女联合会全国维护妇女儿童权益先进个人、《亚洲法律杂志》（ALB）2016 年中国 15 佳女律师等荣誉。这些成绩和光环把我的事业推向了一个新的台阶，每次听到大家的赞扬，我都会由衷地想：其实，这并不是我刻意为之，我前进的所有动力，都源于"社会责任"。

其次，保持服务者的心态，将社会责任融入工作，可以帮助我们始终秉持一颗纯朴的心，不为外力所扰，从而走得更稳、更远。

自建立盈科律所以来，为了将社会责任全面融入律所的发展战略，我们在工作中一直秉持着"党建引领、公益先行"的理念，盈科律所在 2008 年成立了党支部，2012年升为党总支部，2016 年被批准设立党委。截至 2023 年4 月，在我任党委书记期间，盈科共在全国 111 家律所中成立了 13 个党委、10 个党总支、194 个党支部，党员人数达到 4766 名，并建立党组织示范基地 19 家，多次被评为优秀党支部、优秀党建项目，获市级以上荣誉 50 项。

无论大家什么时候走进盈科总部，第一眼看到的都是一间间挂有党徽的会议室、活动室，一条条党建学习长廊、党史文化长廊。为了统一党建品牌，我们在律所的党建阵地建设中，还坚持做到"五个一""六个有"，"五个一"即一旗、一徽、一廊、一栏、一室；"六个有"即有场所、有设施、有标志、有党旗、有书报、有制度，以此结合律所的实际情况，营造出浓厚的党建氛围。

作为一名拥有 50 年党龄的老党员，我并没有将党建工作当成一句空话，而是坚持践行党员职责，并以此为抓手，带领广大律师及党员积极履行社会责任。

多年来，盈科律所以党建工作引领推动律师队伍建设，把党的领导贯穿到律师业务、律所发展的全过程和各个环节，多次被评为"履行社会责任先进律所"、优秀党组织等。更令我感动的是，盈科将党建工作与社会责任相结合，充分发挥党支部的战斗堡垒作用和党员先锋模范作用。盈科的律师们在党组织的引导下，用自己的智慧传递着法律人的温度、温情和专业力量，用其专业领域独特的家国情怀和社会责任，关注民生、奉献社会，以专业知识和高度的责任感投身社会公益，为全行业、全社会做着一点一滴的贡献。

与此同时，重视党建，坚持党建引领，也成为盈科的一项重要优势，是盈科 20 多年来得以稳健发展的根本原因，也是"盈科而进"的活力来源，让我们可以在时代的洪流中，始终坚持律师工作的正确方向，在勇敢担当起新时代赋予的使命与重任中，实现最有意义的人生价值，而不至于在诱惑中迷失方向。

在工作中秉持着一种服务者的心态，承担起自身角色所应承担的社会责任，将工作看成一段为他人提供服务的载体，并非要求你拥有多么高尚的情操、多么无私的境界，而是如果你秉持着这样一种心态投入工作，就可以跳出平庸与麻木的状态，让更多接受你的帮助的人感受到你的能量。同时，这样也会帮你在生活中创造出不一样的乐

活得漂亮

趣，并从更多角度发现工作的更大意义。

在一些媒体鼓吹的虚假泡沫中，刚刚踏入社会不久的年轻人更容易因自身工作的平凡普通而感到焦虑与不知所措。但我想告诉大家的是：一个人对待工作的态度，远比工作本身重要。同时我也衷心希望，生活在现代的年轻人，可以秉持一颗纯朴的心，以更长远的眼光，让你现在的思维高出你目前的站位，从转变观念开始，从重建意义开始，让生命焕发出更耀眼的光彩。

2. 放大社会价值，打开人生格局

归根到底，一个人的个人价值是由什么来决定的呢？

这个问题的答案其实非常主观，且具有非常宽广的范围，涵盖了个人能力、知识技能、品德道德、人际关系，以及社会价值等多方面的综合评估。如果你想获得个人价值的持续提升，度过一段更精彩、更有分量的人生，本书前面提过的所有方法和技巧，都可以帮助你尽快达到这一目标。

不过，还有一种经常为人所忽视实现个人价值的渠道，那就是一个人的社会价值，即对社会和他人有益，能够促进社会进步和发展的价值。可能很多人会觉得这种观点非常虚无缥缈——个人能有多大的能量让社会接收到自己释放的善意，实现个人价值最大化呢？

这不禁让我想起了我的母亲。

我小时候，在北京前门附近有一个类似"72间房客"的大院。那个大院非常大，分为前院、中院、后院，里面住着很多人，都是一个单位的。当时，我们家就住在大院的中间位置，大院里住的其他人，不管是从前院到后院，还是从后院到前院，都要从我们家门口经过。

都说"远亲不如近邻"，在我们那个大院里体现得特别明显，谁家里生了孩子要照顾，谁家的炉子要生火，大家都会互相帮衬。我母亲更是院子里的热心人，不管谁家需要帮助，她都会在第一时间伸出援手。不仅如此，她还特别留意去帮助一些困难户。比如有一户人家，只有一个女人带孩子，生活十分艰难，母亲就从我家的粮票中挤出一些来，悄悄地给她送去。我家对面住着一对老夫妻，一辈子没有孩子，老头去世后，留下老太太成了孤寡老人，母亲就主动承担起照顾她的责任，把她当自己的长辈一样照

活得漂亮

顾，直到最后给她养老送终，都没有一点怨言。

因为母亲的这些举动，她在大院里的人缘也非常好。每个从我家门口经过的人，看见她在家里，都会亲切地叫她一声"郝大妈"。20世纪80年代，我们家从大院里搬走，多年以后，大家每次提起家母，还是对她赞不绝口。

我的母亲文化程度不高，不会讲什么人生价值和社会责任，但她却用自己的实际行动，教给了我一个最简单的道理：一个人真正的价值，不是看你得到了什么，而是看你付出了什么。

"人固有一死，或重于泰山，或轻于鸿毛。"在这句话中，衡量"泰山"与"鸿毛"的标准，就取决于一个人在社会中所扮演的角色和所处的位置。当然，这里并不是要搞道德绑架，一定要将社会价值凌驾于自我价值之上，只是说，一个人的社会价值和自我价值是构成其人生价值的两个不可分割的组成部分，二者缺一不可。

从二者的关系来看，一方面，一个人的自我价值是个体生存和发展的必要条件，人生自我价值的实现，构成了个体为社会创造更大价值的前提；另一方面，人生的社会价值是实现人生自我价值的基础，当一个人通过社会价值的提升，得到了外界的高度评价，也会大大提高其在自我价值上的满足感。从这个角度来说，如果你想增加人生的分量，提高外界对自我价值的认同，就不能对此视而不见。

可能是因为母亲的言传身教，我在生活和工作中一直践行着这一原则。2001 年创建盈科律所后，我们在第一时间提出了两个口号，一个是前面说的"走出去"，另一个就是"走下去"。

什么是"走下去"呢？就是进入社区做公益服务。

当时《中华人民共和国行政诉讼法》刚刚开始施行，拉开了"民告官"的序幕。为了普及相关法律知识，我们决定将普法的舞台下沉到基层、下沉到社区中去。我当时的想法很简单，授人以鱼不如授人以渔，与其漫无目的地大海捞针，不如先向社区的领导普法，让街道的干部和服务人员先学起来，把"依法行政、依法办事"从基层做起然后再一层一层传递下去。

之所以采取这种办法，是因为当时我们还有一层便利条件，就是拥有这方面的人才储备——当时有一位从街道司法所退休的干部在我们律所做特邀律师。因为她对街道工作非常熟悉，我们就签约了当时全国最好的街道——三里屯街道办事处，从这里开始做起。

活得漂亮

签约之后，我们就从讲"依法行政"开始，对他们进行普法宣传。为了增强普法的趣味性，我们还将辖区的单位，包括工人体育馆、盈科大厦等，分别组织了几支队伍举行普法知识竞赛，由我们律所的律师担任评委和主持人。比赛后，为了巩固普法成果，我们还编辑了视频，出版了《法律知识 100 问》丛书。

2002 年，在司法局组织的律师进社区工作动员会上，我们律所受邀在会上介绍"律所进社区"的经验。

虽然盈利是企业发展的重要目标，却不是唯一目标。在我看来，一个成功的企业、一个有担当的企业，一定会将积极履行社会责任、实现社会价值、参与社会公益事业作为自己的重要使命，将自身价值融入社会价值最大化的目标之中，而不是反过来将企业利益凌驾于社会利益之上。唯有如此，才能赢得越来越高的社会评价，走出一条更长远的稳健发展之路。

正因如此，早在 10 年前，我们就提出了"无公益、不盈科"的律所发展理念，心怀法治信仰，传递公益力量，用实际行动彰显律所的社会价值，展现出大律所的责任和担当。为此，作为律所公益文化、公益精神的组织者和倡导者，我们还专门设立了全国公益工作委员会，设立外联、宣传等不同岗位，将公益工作细分到不同板块，如"涉未""涉军""涉老"、妇女权益保护、助学、助残等，不拒绝任何形式的公益行为，以社会责任主导律所的前进方向。

在法律援助方面，我们建立了盈科全球法律服务体系，在全世界任何一个地方，只要你有法律咨询需要，都可以利用这个公共平台及时得到专业的法律援助。为了更好地普及法律服务，我们建立了"盈科 AI 律所智能空间站"，首次打破空间限制，即使是偏远地区的居民，也能接受到专业的法律服务，让法律服务触手可及。

在捐资助学方面，盈科联合中国儿童少年基金会共同发起"生命关爱"公益项目，计划以 10 座城市为试点，将有约 400 所学校的 300 多万学生及家长受益，目前该项目已在山东青岛、广东湛江、青海海东、江苏常州试点实施。

在自然灾害救助方面，对 2021 年的河南郑州暴雨灾害和 2023 年的河北洪涝灾害，盈科分别向中华慈善总会捐款 100 万元，积极支援灾后重建工作。

在服务乡村振兴方面，盈科律所对口支援北京市怀柔区"惠农公益法律服务"项目，与北京市密云区大城子镇开展"一村一所"帮扶合作。在贵州省，盈科贵阳所定期前往负责的扶贫点开展法律扶贫值班工作。

在人才服务方面，我们在清华大学成立了"世界法治论坛基金"；与鲁东大学联合成立了盈科法学院。深化产教融合、校企合作，探索打破法学教育和实践教育之间的壁垒，建立新兴法学教育模型。

在生态环境保护方面，盈科律所在四川成都大熊猫繁育研究基地认养了一只大熊猫，为其取名"盈盈"，并将其作为律所的吉祥物，受到律所内外的欢迎。

在援疆援藏方面，为解决无律师县问题，我们于2022年7月21日设立北京市盈科（江孜）律师事务所，全力持续支援欠发达地区公共法律服务建设。目前，盈科的援藏律师还准备在援助地培养出多名藏族律师，助力他们服务边疆。

我们与新疆维吾尔自治区轮台县开展了盈科向阳儿童成长公益项目，还对口支援了美疆基金会的盈科北京班、盈科天津班，进行一对一的帮扶资助。

对企业来说，牢记自己的社会使命是一种格局。对个人来说，也是如此。

我之所以要强调社会价值对自我实现的重要性，是因为在这个过程中，我感觉自己并不是单纯地在进行单方面给予，而是同时在心灵上获得源源不断的反馈，反哺自身发展。尤其对于律师来说，公益可以算作是这一职业中的一项基因性要求，更应当承担起引领社会发展方向和传递价值观的使命。

因此，盈科律所特意将社会公益行为纳入对律师的考核，要求每位律师的公益服务不少于 50 小时，所以我们律所的律师不仅要在业务能力上持续精进，更要具有奉献意识和公益之心，能够运用自己的专业身份在社会上广泛参与公益行动。在盈科的这种理念引导下，盈科的有些律师同时担任当地中小学的法治副校长，用自己的专业能力践行公益使命；不少律师去重大体育赛事活动中担任志愿者；还有青年律师工作委员会和女律师工作委员会也经常开展公益工作和捐资助学活动。通过专业委员会和专门委员会的"协同作战"，一次又一次地将盈科的社会公益理念传播出去。

如今，公益文化已经融入每位盈科人的血液，在盈科成为一种无形的传承，很多律师甚至在背后默默地奉献，视公益事业为己任。他们的这种精神不仅是向社会传递正能量，同时也放大了自身价值，极大地提升了生命的分量，为人生找到了一个锚点，让自己的人生更加有意义、有价值。

因此，我非常鼓励每个人，尤其是年轻人，在成长过程中重视社会价值的实现，将公益融入自己的职业生涯。在这个过程中，不要将公益看作一件多么崇高、多么严肃的事情，其实，每个人都可以在自己的岗位上发光发热，完成自己的社会使命。

作为新时代的新生力量，若想突破平庸，你可以试着从当今时代的公共议题入手，寻找与自身有交集的领域；还可以从自己擅长的事情出发，将愿景化为行动，从身边的点滴小事做起，从锚定社会价值开始，不断增加自己生命的分量，这不仅是人生最无私、最重要、最有价值的行为，更是形成一个人独特影响力的关键所在。

3. 用个人能力，帮助人们做到无法做到之事

20 世纪 90 年代初，我曾接待一位遭受家暴的女性。

当时，她因无法忍受丈夫的殴打而向我求助。看到她伤痕累累的身体，我建议她去法院起诉，甚至提出我们律所可以免费帮她打离婚官司。当时她同意了，可没过几天，她又改变了主意，以"家丑不可外扬"为由不想离婚了。我不知道在这段时间里她经历了什么，但从她的眼神中流露出的痛苦来看，这次"妥协"显然并非出自她的本意。

也许是来自丈夫的威胁或外人好心的"劝说"，让她选择了放弃起诉，继续隐忍丈夫的暴虐。遗憾的是，她的丈夫并没有悔改之意，而她最终在又一次遭受家暴之后，选择了以暴制暴，最终导致自己受到了法律的制裁。

类似这样的惨痛案例，我一路走来已经见过太多太多。与其他领域的案件不同，每个婚姻家庭案件背后几乎都有一个破碎的故事，而且牵扯因素甚多，使那些女性深陷泥潭，几乎无法找到出路。每次去咨询室，我都会看到当事人拿着厚厚的一摞案件资料，麻木地诉说着自己的故事，面对一个陌生人倾吐自己隐藏最深，也是最绝望的痛苦，仿佛抓住最后一根救命稻草，这种时候，我总能感到自己肩上的担子又重了一分。帮助女性普法维权的道路任重而道远。

生活中，女性作为相对弱势的群体，除了容易在婚姻中遭受不公平对待，还会在很多事情上受到来自各个方面的隐性伤害，比如恋爱被骗、彩礼纠纷、抚养权争夺、职场骚扰等，这些并不是个例，而几乎是在每时每刻发生在我们身边的真实事件。更糟糕的是，数据表明，我国女性平均在遭受 35 次家暴后才选择报警，有 50% 的女性遭受过职场歧视，平均每 100 人中有 9 人遭受过性强迫……然而，面对伤害，90% 的女性会在权益被侵害时选择隐忍……

作为一名有着 40 年执业经验的女性律师，每当看到那些女性当事人无助的眼神，我都不禁会想：是什么造成了这种局面？是她们太胆小、太脆弱，无法做到为自己伸张正义吗？显然不是，不是她们不能做到，而是她们不知道自己能够做到。

很多女性之所以在遇到困难时不知道该如何保护自己，一方面是习惯于隐忍，觉得事情还不到需要打官司的程度，宁愿选择私下处理；另一方面是法律意识薄弱，认为打官司是一件特别麻烦的事情，需要经历找律师、搜集证据、了解法律条文等一系列流程，最后结果也不一定能够如自己所愿。所以她们一提起法律维权就产生畏惧心理，直到错过了事件的最佳处理时期，问题非但没有解决，反而给自己造成了更大的伤害。

没有人告诉她们"不是你真的走投无路，而是你没有找到解决问题的正确方法"；也没有人告诉她们"你不是一个人在战斗"。我曾在一本书中写道"别怕，会有办法"。这里所说的"法"，指的就是"法律"。面对生活中可能遇到的诸多伤害，我们除了忍气吞声，还可以运用法律手段为自己维权，拿起法律武器为自己争取权益。

以本节开头的案件为例，现在回想起来，就是一起典型的"家庭暴力"案件。遗憾的是，由于当时还没有将"家庭暴力"上升到法律层面，人们也没有"家庭暴力是违法行为"这一普遍意识。因此，当遇到类似事件时，人们解决这一纠纷的最普遍的方式，一是依靠好心人的"劝说"，二是让单位出面"教育"施暴者。直到2001年，修改后的《婚姻法》第一次对家庭暴力问题做了规定，从立法上提出救济措施，才从根本上改变了"以沉默隐忍暴力、以分手离开暴力、以暴力消除暴力、以生命结束暴力"的社会现象。2016年实施的《反家庭暴力法》，更让"反家暴"的意识深入人心，从家庭私事变成了"公"事。

如果这个案子发生在今天，有了法律为她撑腰，她可以选择起诉，可以选择申请人身保护令保护自己，可以让施暴的丈夫受到应有的惩罚，也可以在离婚时要求相应的经济赔偿，这些措施都可以使她免于玉石俱焚的结局，而她或许就能有足够的勇气走向下一段崭新的人生。

直到很多年后的现在，这个案子仍然是我心中的一根刺。也是从这个案子开始，我对成为律师后的工作有了更具象化的概念，那就是：我想运用法律知识，帮助人们有勇气做到以前无法做到的事情，让更多女性摆脱困境、让更多家庭收获幸福。希望有朝一日，大家都能在需要时拿起法律的武器保护自己的权利，不至于让自己陷入绝望。

"如果人们走在黑暗中，我希望成为他们的一束光。"

在这种想法的推动下，我身上的律师身份便不再是一份养家糊口的职业，而是一份真正为"社会公平正义"做贡献的事业，一份需要我用一生去实现的终身使命。为此，我一方面从本职工作入手，认真办好每一个案件，让每个当事人都能在问题的解决中感受法律的公平公正；另一方面从宣传法律开始，利用各种形式、各种平台发出自己的声音，点亮百姓的维权意识。此外，我还以法律专家的身份积极参与立法，把实践经验体现在法规中。

改革开放以后，随着涉外婚姻越来越多，为了更好地维护当事人的权益，我又一次拓宽视野，以实务界专家的身份将维护妇女权益的理念宣传到国际范围，活跃在各大国际交流平台，比如参加了第 22 届世界法律大会，在中美保护妇女权益座谈会上做了关于《完善法律体系做好维护妇女儿童权益工作》的报告；与中国香港地区同行就"中国反家庭暴力的立法与实践"做了交流，在大阪向日本律师宣讲了《中国婚姻法中的财产分割和子女抚养》并回答了同行们提出的问题，用实际行动推动着各国执法中差异的解决，扩大了中国律师的影响。此外，我还组织了很多专业律师的联络互助活动，因为我的目标是帮助更多人，尤其是帮助女性掌握保护自己的能力与方法，所以我在工作中并不一味地追求胜诉带来的快乐。虽然这些年我代理过的女性维权案件数不胜数，而且其中一些案件因为赢了官司，被业内同行树为标杆，但我更在意的却是如何用奉献精神关注行业发展、用专业能力诠释法律人生，用真情呼唤社会和谐，用爱心维护妇女权益。只有看到妇女儿童权益得到更好的维护，看到更多的女性能更从容、更勇敢地面对生活中的法律难题，才是我最看重的结果。

正如我一直遵循的座右铭——"人不一定伟大，但一定要崇高"，所谓崇高就是要怀有一种"利他"之心，能够站在他人的角度、社会的角度、公益的角度，用个人能

　　　　　　　　　　　　　　　活得漂亮

力帮助别人做到无法做到之事。

可能有人觉得这一建议未免有些不切实际，甚至是"站着说话不腰疼"——"我可没有这么崇高的觉悟"或者"我可达不到这种无私奉献的境界"，而这也是很多人眼界无法提升的关键所在。其实，很多时候，利己与利他、个人利益与社会利益并不冲突，而是一种相辅相成的关系。

正如孟子所言："爱人者，人恒爱之；敬人者，人恒敬之。"这个社会是由千千万万个独立个体组成的，每个个体的能量是有限的，能够实现的目标高度也是有限的，而当你抱着利他之心做事，将自己的利益与他人的利益、组织的利益集合在一处，你自身能够得到的能量也是之前无法想象的。

对我来说，在努力坚持普法的过程中，岁月也给我留下了很多值得回忆的瞬间：在第 22 届世界法律大会上，我与关注婚姻家庭领域的国际政要人物共同探讨婚姻家庭相关法律问题；2010 年，国家领导到北京市朝阳区听取居民对政府工作报告的意见，我作为律师代表反映民意；妇女权益保障法实施 25 周年之际，我荣幸地被全国妇联授予"全国维护妇女儿童权益先进个人"，并作为获奖代表上台发言；2009 年五四青年节，我带领上百位朝阳区青年律师进行执业宣誓，并用自身体会和亲身经历告诉他们，一代人有一代人的长征路，一代人有一代人的使命担当。我们每个人都应当积极拥抱新时代、奋进于新时代，为国家法治建设添砖加瓦，贡献自己的力量，在律师生涯中成就无悔人生！

更令我感到无比欣喜的是，随着法律普及的不断推进，越来越多的人因为我的努力找到了改变人生的勇气。

记得有一次，我在短视频平台发布了一条视频，内容是"反对一切家暴，让我们勇敢站出来，敢于向家庭暴力说不！"，正好被一位正在遭受家庭暴力的四川女性看到，她立刻通过私信联系我，说明了自己的情况，并很快得到了回复。最后，在我们律师团队的支持和建议下，她很快向法院申请了人身保护令，并向法院起诉离婚。

类似这样的故事还有很多。她们每次反馈过来的阳光下的笑脸，都是对我工作的最大肯定，也是我生命的最大意义之所在。

成长没有捷径，但成功会有。如果你想在最短时间内积蓄起超越他人的能量，拥有不可替代的价值，一个让你达到能量提升最快的办法就是：打开心量，看到别人的需求并尽力提供帮助。那么，在你努力向他人提供价值的同

活得漂亮

时，也在给未来的自己供能。

从个人角度来说，这种能量恰恰是我们在成长过程中极易错过的关键助力。一旦认定了这一理念，凡事都积极地从利他的角度进行思考和行动，用一种服务他人的心态打开工作新模式，便可能开启生命中的正向循环，得到意想不到的收获与帮助。

4. 建立服务思维，从身边开始改变世界

1950 年 4 月，新中国第一部法律——《中华人民共和国婚姻法》正式公布施行，此后，社会主义法律创制迎来快速发展。

1978 年 12 月，党的十一届三中全会做出了"健全社会主义法制"的决定，提出了"有法可依、有法必依、执法必严、违法必究"的"十六字方针"，开辟了改革开放和社会主义法制建设新时期。

1979 年 7 月，五届全国人大二次会议在一天之内通过了《中华人民共和国刑法》《中华人民共和国刑事诉讼法》

《中华人民共和国人民法院组织法》《中华人民共和国人民检察院组织法》《中华人民共和国中外合资经营企业法》等七部法律，也就是新中国法治史上著名的"一日七法"。

如今，随着我国法律体系的不断完善，截至2024年6月，我国现行的有效法律共计303部，覆盖到我们生活的方方面面。然而，要想让法律发挥出它的真正效力，仅靠立法是远远不够的。正所谓"徒法不能以自行"，如果仅有法律条文而没有推广普及，法律本身不会自行发挥效力，中国的普法之路任重而道远，而连接法律与普通人之间的桥梁正是我们广大的律师群体。

从业多年以来，我一直坚持行走在普法的第一线。不管是通过主持电视普法节目、做讲座，还是下基层、走社区，或者通过网络平台宣传法律常识，虽然普法的形式千变万化，但内核始终如一，就是希望能帮助更多的人树立正确的法治观念，从不懂法、不知法，到能够自觉学法、懂法、用法、守法，关键时刻能够拿起法律武器维护自己的合法权益。

然而，要达到这一目的绝非易事，即使如今人们的法律意识较以前已经有了长足进步，但在处理案件时，我仍然能感受到"法律"二字在人们意识中的缺失。

活得漂亮

在很多人看来，只要自己不违法、不犯法，法律就和自己没关系，甚至天生对"打官司"有一种怕麻烦的抵触心理，避之唯恐不及，更别说去主动了解了。但实际上呢，只要你在这个社会中生存，就时时处在法律的约束和保护之下，一旦遇到问题，懂得讲"法"，会比只知讲"理"来得更加高明、高效，反之，如果一时糊涂，法律也不会因为你的无知而网开一面。

在我办理的案件中，我见到过太多因为不懂法、不知法导致悔恨终生的案件。比如在某个"非法吸收公众存款"案件中，有人为了帮朋友增长业绩到处"拉人"，殊不知自己的好心却触碰到法律的底线，最后和好友一起成了案件的共同被告人；还有一个当事人在高速公路上与人开"斗气车"，情绪激动之下将车上的一个矿泉水瓶扔了出去，导致对方玻璃破损，结果被定为寻衅滋事罪。甚至还有更惨烈的案例，有人因对法律的无知浪费了自己的一生，甚至付出了生命的代价。

每当看到那些悔不当初的眼神，我都会在心里升起一股紧迫感，因为我知道，每多坚持一天，每多一个人清醒，就可能点燃一个人的希望、挽救一段婚姻、保住一个家庭，甚至换回一个人的未来。

如果那些人能早一天了解到一些必要的法律知识，知道如何用正确的方法去保护自己，也许很多悲剧就不会发生。这也是坚持将普法作为贯穿我一生事业的原因。身为一名资深律师，维护人民群众的合法权益，不能只停留在口头和个案的代理上，更关键的是未雨绸缪，点亮百姓自我维权的意识，用自己的实际行动，帮助他们爱上自己曾经"讨厌"的事物，真正让大家意识到，法律不仅是约束，也是一种保护。

　　为了使普法工作达到最佳效果，40多年来，从第一次登上电视台向公众传播法律知识开始，我从来没有将自己定位成一个冰冷的宣传机器，高高在上地为大家朗读法律条文，而是希望以一种温暖的方式，以一种服务者的心态，为大家提供帮助。尤其在一些大家心里比较陌生和抵触的领域，利用这种方式，可以迅速与大家建立信任和共鸣，发挥出不一样的效力。

　　建立服务思维的第一步，是要能做到换位思考，想别人之所想，急别人之所急。

　　因此，我在通过短视频进行普法时，总是尽量以通俗易懂的语言，从大家感兴趣的问题出发，从受众的需求出发，来讲解法律知识点。有时，我还会结合当下的热点事

　　　　　　　　　　　　　　活得漂亮

件，便于大家理解。比如有关"婚前协议"的话题，未虑胜先虑败，尤其是在结婚之前谈论这种话题，受中国传统思想的影响，大众普遍对此有一种"逃避"情绪，即使一方具有这种意识，也会因为害怕尴尬而不好开口。

很多时候，人们之所以会将某些话题列为禁忌领域，可能是出于过去的经历、文化背景、个人偏好等多种原因，这个时候，接纳他们的感受，并试图从他们的角度去理解，是建立信任和产生共鸣的第一步。

从这个角度出发，我在普法时会选择从年轻人关心的问题出发，比如有人担心婚前协议的有效性，我就会在节目中解释："只要是双方自愿签署的书面形式约定，都可以视作广义上的婚前协议，只要没有违反法律的禁止性规定和公序良俗，就是有效的，而且某一条款无效也不意味着整个协议都是无效的。"再比如有些人存在心理上的抗拒，我会帮助他们从另一个角度看到事物积极的一面：签订婚前协议并不意味着不信任对方，相反，签订协议的过程本身，就是夫妻双方一起面对婚姻生活的过程，也是一个彼此沟通、商量的机会，"即便没有达成具有法律效力的书面协议，商量和沟通也是有益的。"

事实证明，这样做的效果确实不错，没过多长时间，人们在视频下方的留言风向就从"要不要签订婚前协议"，转向了更为具体而深入的内容讨论，咨询的范围也越来越广，从以前单一的财产协商，到后来的讨论宠物"抚养权"、过年应该回谁家、冷暴力的解决，以及如何协调双方父母的意见等，完全改变了之前谈之色变的局面。

此外，建立服务思维，凡事先想想自己能做什么，还有助于发现自己工作中的盲点，通过自己的力量，扭转人们对某些事物的刻板看法。

2016 年，为了解决老年人对订立遗嘱的需求，我作为发起人，在北京市民政部门、全国老龄工作委员会公益律师的共同见证下，成立了北京首善为老服务中心，专门为老年人提供遗嘱与保管、养老、维权等相关的法律服务，还针对特殊人群推出了费用减免办法。然而，因为对死亡的忌讳，很多人没有提前订立遗嘱的观念，对于这样一个人生中的重大决定，选择草草了事，导致因遗产分配问题产生纠纷的案件发生。

如何才能打消人们对提前订立遗嘱的偏见呢？通过一段时间的调查分析，我发现除了普法不到位的原因，还有很多老人虽然已经具有遗嘱意识，但因为种种原因没有或无法付诸行动。有一次，中心工作人员接到一位老人的电话，说自己想立一份遗嘱，但因病无法出门，希望能得到我们的帮助。见老人实在有困难，工作人员决定上门服务。来到老人家中，才发现给我们打电话的竟然是一位95岁高龄的老人。工作中，老人说了一句话："我们出不了门就不能立遗嘱吗？就没人管了吗？"

这句话给了我很大触动，也给我带来了启发。出于对死亡话题的忌讳，如今中国的遗嘱普及率一直处于低水平，即使如今比例上升，仍不足5%。然而，在我们竭力提倡"正面、积极"的遗嘱观时，有没有想到从另一个角度，简化程序，通过上门服务解决老人的实际困难，缓解他们对订立遗嘱的抵触情绪呢？

很多时候，面对不可能的任务，学会放低姿态，与其想"我能从中获得什么"，不如多想想"对方想要的是什么""对方拒绝的原因是什么""我能为他做什么"，也许这样就能找到解决问题的新方向。

那么，面对这些需要帮助的老人，我能为他们做些什么呢？

这件事之后，我立刻着手启动代书和上门遗嘱订立服务的准备工作，针对书写困难和行动不便的中老年人，总结出一套服务流程，推出了代书和上门代理遗嘱订立服务，开业内先河。如今，要求这项服务的老人越来越多，中心的工作人员每天都有外出任务，有时候一天要去好几家。这项服务也受到了很多老人的认可和信赖，还有人为此给中心送来了感谢信和锦旗。

人们常说，你能影响多少人，就能成就多大价值。换句话说，不管是在生活中还是在工作中，一个人的最终价值，取决于其影响他人的能力。如果你想在有限的时间内创造出最大的价值，一个能让自我价值增值的最佳方法，就是通过自身的行动、言语，去对他人产生积极影响，创造一个更加美好的世界。

不要觉得这些事情离自己太遥远，或者以能力不足为托词，觉得这些是只有达到世俗意义上的成功或成为名人后才能做的事，从而错过释放自身潜力与影响力的最佳时机。实际上，在这个人人都可能创造奇迹的互联网时代，只要你想去做，并且愿意运用服务思维与他人产生共情、引发共鸣，用爱心、善意与源源不断的正能量去影响身边的人，哪怕只靠一篇文章、一张照片、一个视频，都可能启发他人思考，帮助更多的人成长，你的生命意义也会在这一过程中得到升华。

即使在短时间内无法看到成效，也没有关系。记得曾

活得漂亮

经有记者问我："坚持普法 40 年，您的动力究竟来自哪里？"关于这个问题，我可以想出很多种答案，比如热爱、职责、初心、使命等，但要说最根本的，还是因为我一直秉承着一种服务者的心态，做自己认为正确的事情，享受给他人带来积极影响的满足感和成就感，而不仅仅是为了达到某种结果。

所以，我才会说普法是律师一辈子的事业，里面有我一生寄托的愿望和我对法律的感情。即使以后离开律师岗位，我也永远会是大家心中的"郝律师"，只要生命存在一天，我就会在力所能及的范围内讲好法律故事，编好案例书籍，努力推动立法、普法。

对于年轻人来说，更要建立这样一种意识：不管你是谁，不管你现在的地位和能力如何，每个人都有能力对他人产生积极的影响。它可以帮你摆脱狭隘的个人视野，站在更宽广的平台上重新发现自己。这是一个持续不断的过程，并且随着你坚持时间的延长，自身能力的提高，你的影响范围会越来越大，获得的回馈也会越来越多。

5. 改变思考方式，人们不仅需要帮助，也需要温度

可能在很多人的认知当中，律师是一个非常理性而缺少温情的职业，就像医生一样，面对前来寻求帮助的人们，以法律条文为"手术刀"，用自己的专业素养为人们提供法律援助，帮助当事人获得公平、公正的结果，尽最大限度维护当事人合法权益，协助其回归正常生活。现实中，有很多律师也是这样定义自己的，认为在办案中，只要自己足够客观公正就可以了，尤其是在见过了太多案例，看到了一些负面事件之后，出于一种自我保护的心态，选择将自己的情感封闭起来，甚至陷入一种麻木的状态，将自己变成了一个冰冷的办案机器，我觉得这是非常不可取的。

从我接手第一个案子开始，一直到现在，我始终坚持一个原则，就是"带着温度去办案"，任何一个组织和个人，都要有爱心、有温度，让当事人不仅能获得案件上的解决，还能从内心感受到一种安慰。

从这一角度来说，律师与医生确实有很多相似之处。正如医学界那句至理名言一样——有时治愈，经常缓解，

总是安慰。对于患者而言，除了生理的治愈，医生的鼓励与关怀，在精神上给予的慰藉与关爱，也能为其带来源源不断的内在动力；对于医生而言，在技术之外，用温情去帮助病人，其社会意义甚至大大超过了"治愈"，也正是这种人文精神，赋予了医学更独特且深刻的意义。

在我看来，律师行业同样需要这种人文精神。当人们带着伤痕累累的心灵走到你面前时，他们的内心是十分无助的，此时，你的一个笑容、一点善意，都可能成为他们在寒冬中的一件大衣，带给他们勇敢前行的力量。所以，我在"律师"这一身份之外，还经常被称为"郝大姐"，就是因为我把人情味儿带入了平时的工作中，将这份温暖传递给了每一个与我接触的人，用法律守护千万个家庭的温暖，用真心给严肃的律师工作增添一抹暖色。

然而，究竟应该如何调整心态，才能在工作中给他人提供更有温度的服务呢？仅靠微笑、热情这些表面功夫肯定是远远不够的，要想让他人深刻地感受到你的善意，体会到你为他着想的心思，一定要学会从服务者的心态出发，在你的本职工作范畴之外，凡事多想一点儿，凡事多做一步，这些多出来的部分，就是你区别于其他人的温度。

比如婚姻家事案件，由于其矛盾与争点主要发生在家庭成员之间，不同于一般商事纠纷，除了必须提及诉讼的严重案例，还有相当一部分处在法、理、情相交融的模糊地带，单靠固定的法律条款，很难对这些存在较大主观因素的案件明确一个各方都认同的评价标准。何况"清官难断家务事"，有些人家中产生矛盾，情绪激动之下找律师，只是为了要个"说法"，并不想真的与对方对簿公堂，如果这些矛盾都交由法院来审理，只会浪费司法资源和诉讼成本。如何在法理之外，用更合适的方式为这部分人做好家事纠纷的化解呢？

2017 年 10 月 24 日，在最高法院、司法部《关于开展律师调解试点工作的意见》出台后，我们在北京成立了第一个家事调解中心，由我担任中心主任。之所以产生这样一个想法，一方面是尝试建立一种非诉纠纷解决机制和渠道，协助纠纷各方当事人通过自愿协商的方式达成争议解决；另一方面也是从大家的需求出发，用一种更有人情味儿的方式为大家解决家庭纠纷，尤其对于一些掺杂着当事人过多情感的案件纠纷，不仅要做到"案结"，还要进一步做到"事了""人和"。

在这个过程中，不仅要先询问调解意愿，了解当事人

活 得 漂 亮

的真实需求，再进一步与当事人沟通调解方案，引导其提出调解条件，还要从这些条件中去伪存真，通过仔细询问和耐心倾听，找准当事人的真实需求，有时还要充当心理医生，为矛盾双方提供心理上的慰藉，才能最终得到一个双方都满意的结果。虽然从工作难度上来说，调解成功一起案件所投入的时间和精力要远远超过直接判决，但这样做的好处也显而易见，不仅使当事人在权益得到保护的同时免去烦琐的诉讼程序，也从源头上为法院减少了家事案件数量，节省了公共资源。

从人们的实际需要出发，凡事比别人多想一点儿、多做一点儿，其内核其实蕴含着一种远见思维，说明你对自己目前所做的事情已经有了更为理智和全面的认知，并且对未来的发展走向抱有积极主动的乐观态度。一个持有这样心态的人，自然就会愿意多花一点心思和时间，专注于打磨当下的目标。

今后，我们也将进一步探索如何加大向社会推广调解的力度与影响力，用耐心和爱心帮助当事人及其家庭成员解开心结，消弭宿怨，让更多人体验到法律温情的一面。

此外，还有一个可以打动人心的办法，就是通过设身处地的思考，打通流程中的"痛点"和"堵点"，即使只让对方节省一分钟，少走一步路，也能从中彰显自己的独特优势。

还是以盈科为例。由于当事人需求的多元化和法律服务能力之间的不匹配，偏远地区的个人和中小企业无法得到及时的法律服务。为了帮助更多人解决"有法律诉求不知道该找谁"的问题，节省人们反复寻找、搜索的时间，我们率先打破了律师行业传统的面对面问询模式，自主研发了"AI 无人律所"平台。让那些有法律咨询需求的人可以通过"AI 智能空间站"的线下实体智能终端，直接在平台上调动全国律师资源，通过视频实现与律师一对一私密沟通，或者进行电话咨询、AI 机器人智能咨询；同样，中小企业也可以利用这一平台自主进行"法律体检"，扫码回答程序全部问题后，就能得到自动生成的"体检报告"（"体检报告"会对高风险企业进行预警），还可实时与律师连线，进行深度检测。对于偏远地区的人群来说，只要有网络，就可以通过终端一键获得专业的法律服务，不仅能进行实时法律检索、了解法律热点，还可以扫码后随时在手机上详细了解更多普法知识。

仅仅通过多走出了这一步，盈科律所就打破了法律服务的很多限制，成功实现了"法律需求者"与"优质律师服务资源"之间的跨时空双向对接，让律师沟通效率翻倍，有效解决了律师资源匮乏和法律服务需求满足不均衡的问题，让更多人可以享受到高效率、低成本的法律服务，也为律师解决了案源拓展问题。

与此同时，为了进一步简化人们寻找法律援助所需要的程序，缩短时间成本，我们还进一步提出了"建设法律服务一小时生态圈"的概念，也就是说：依据盈科全球服务网络，为走出去的客户提供法律及商务的增值服务，并在一小时内对接法律和其他服务。随着我们涉外法律服务网络体系的逐渐完善，"全球一小时法律生态圈"运行机制要全面铺开，只要在有盈科的地方，不管是企业还是个人，只需要随时随地打一个电话或通过微信小程序等方式发出需求信息，就不仅能在 7×24 小时实现与线上值班的中国律师沟通，还能在 1 小时内对接相应国家的专业律师，为涉外企业和个人提供"一小时、一站式、一条龙"的全方位法律和商务服务。

可能有人会觉得，这是不是太夸张了，真的有必要做到这种程度吗？答案当然是肯定的，因为对于律师来说，这只是他经手的一个案子，但对于当事人来说，却可能会决定他的一生。而我们也在不断精进的过程中，做到了别人无法完成的事情。

很多时候，人与人的差距就在于此，一个成功的人、一个有自己独特价值的人，并不一定有多高的天分，有多么优秀的学历，他可能只是在同样一件事情上总能比别人想得远一点儿、做得好一点儿、坚持得久一点儿，所以他得到的机会也就多了。

如今，很多渴望成长、渴求成功，希望实现自己人生价值的年轻人似乎走进了一个误区。面对想要达到的目标，他们总是企图寻找一种捷径，或者获得一份别人没有找到的秘籍，然后摇身一变获得身份上的跃迁。然而，成长没有捷径。所有能够改变人生的办法，其实早已清清白白地摆在了你的面前，就看你有没有去做，以及有没有比别人做得更多，走得更远。

美国斯坦福大学教授卡罗尔·德韦克曾说："决定人与人之间差异的，不是天赋，而是思维模式。"所以，当别人都在寻找捷径，企图更早到达终点时，我反而建议你慢下来，少一些功利心，多一些服务心。如果你在所有事情上都能比别人多走一步，你就能把其他人远远地甩在后面。

活得漂亮

最后，如何在生活中运用这种"多走一步"的思维呢？

首先，要将这种思维方式与做事方法，变成一种自己有意维持的长期习惯，时时刻刻去遵守。

因为成长不是一朝一夕的事，只有不断完成自我超越，生命才能像竹节一样，在这一过程中不断拔高，最终走向成熟。比如在日常工作中，相对于将"完成任务"作为自己的工作目标，不如试着将标准提高，比别人要求的多做一点儿，标准高一点儿。尽管永远不可能达到完美，但你至少已经超越了过去的自己。

其次，抱着一种积极主动的态度去面对工作、面对人生。

生活中，一段美好的感情应该是双向奔赴，我认为工作中同样如此。只要对方跨出一步，那剩下的九十九步可以由我来完成，这份不断主动向对方靠近的诚意和心意，就是能让对方感受到温暖的价值所在。

最后，不管结果如何，永远不要放弃变得更优秀的可能。面对人类与生俱来的偷懒本能，我们的大脑倾向于选择阻力最小的方式去做事，而你要做的，就是控制好自己"退后一步"的本能。时刻提醒自己这样做的目的，并及时采取应对措施。

　　虽然墨守成规，少走一步，在短时间内可能不会造成负面影响，但你努力多走出的那一步，却有可能帮助你抢占先机，成为转变命运的关键。

活得漂亮

诉说别人的故事，自己也会成为传奇

40 多年前，我听着别人的故事，走进了律师行业。

40 多年后，我用亲身经历以及我解决的每一件争议、代理的每一个案子、写的每一篇文章、发表的每一个见解，创造了自己的人生，也成了故事中的人，被别人传讲着。

纵观 40 多年的律师生涯，我建立了一个律所、代理了数不清的案件、参与了法治建设的许多事务，用实践编织了盈科的故事，参与和见证了律师行业的发展，用实践验证了"专注—专业—专家"的成功路径。可以说，我和盈科都赶上了一个好时代，我们用自己的努力，在这段法治中国与律师事业齐头并进的发展历程中，留下了属于自己的浓墨重彩的一笔。

如果要用两个关键词来形容我这一生的历程，我认为第一个关键词是"幸运"。不管是万里挑一地得以去部队接受洗礼，还是在自己梦想的行业中实现了自己的人生价值，无论是上过新闻联播、做客《焦点访谈》、参加《对话》节目、接受过《专家访谈》的采访，还是荣获了"普法明星"的称号，在每一个阶段，我都是少数人中的少数人，无论回忆起人生中的任何一段经历，即使十分短暂，却都不乏精彩。

　　第二个关键词，也是我认为更重要的一个词，是"改变"。不管是职业上的转换，还是从律师本职到精彩人生的延伸，我从来没有想过要遵循命运给我设定的道路，而是依照自己的意愿，按照自己喜欢的方式，在那个大部分人还没有自主择业概念而以追求安稳为主流的时代，大刀阔斧地给自己规划了一条改变的路线，并用自己的身体力行，成功验证了这条道路的可行性。

　　回顾过去，如果说有什么力量推动我走到了现在的位置，我认为原因无他，就是一股敢于改变、敢于规划的勇气。无论你现在处在什么境况，不管你认为自己有多么糟糕，改变即代表着无限可能，一旦你从思想上拥有必胜的信念，行动也必然会发生转变。

　　然而，要想体验一次精彩且无悔的人生，仅有信念是

　　　　　　　　　　　　　　　　　　　　　　活得漂亮

远远不够的，在奔向自己理想的道路上，究竟应该如何改变，需要认真规划，但很少有人能够系统地将这一过程描述出来，总结成可供参考的实践方法，而这也是我希望通过这本书传递给大家的成长建议。

虽说一个时代有一个时代的主题，一个时代有一个时代的梦想，一代人有一代人的担当，但不管时间如何变化，很多事物发展运行规律的内核是永远不会改变的，而你从时光中积淀下来的智慧，会帮你获得精神力量，教你避开危险，助力你前行。

经验传承，成长共进。曾经，我从别人的故事里发现了改变人生的钥匙，如今，我作为故事的主角，希望能够通过这种方式，让我的故事也能被别人讲下去，为更多的人提供一个敢于创新、敢于改变、敢于挑战的成长模板，也希望将我从成功或痛苦中总结出来的独特人生经验，传递给后辈的人，让其能继续发扬光大，给更多追求卓越的年轻人提供一个摆脱平庸，获得精彩人生的行动指南。

当然，我更加希望，在未来的日子里，能够有更多的年轻人踏着我走出来的道路，走好自己的路，走出不一样的人生路，成就自己的人生传奇！

记住，人生在世，活得漂亮是本事，活出自己是境界！